U0394483

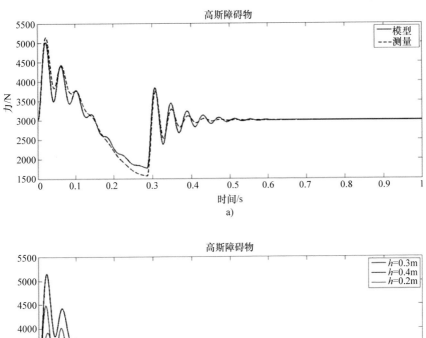

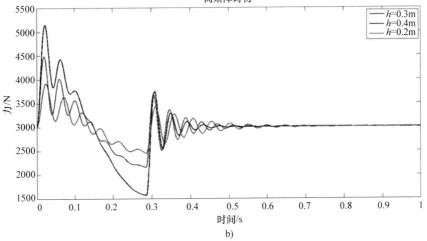

图 2.3　轮胎沿垂直方向在不同障碍物高度处与高斯
形状障碍物撞击并通过障碍物时力的时域变化
a) 模型验证　b) 在不同高度时的结果

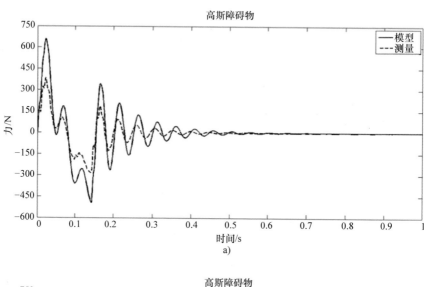

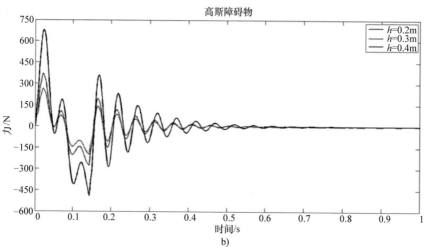

图 2.4 轮胎在不同高度碰撞并沿纵向穿越高斯形状障碍物时力的时域变化

a) 模型验证　b) 在不同高度时的结果

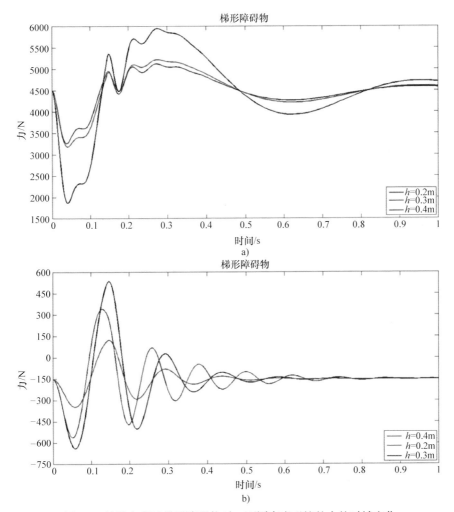

图 2.5　轮胎在穿越梯形障碍物时，不同高度碰撞的力的时域变化
a) 垂直方向　b) 纵向

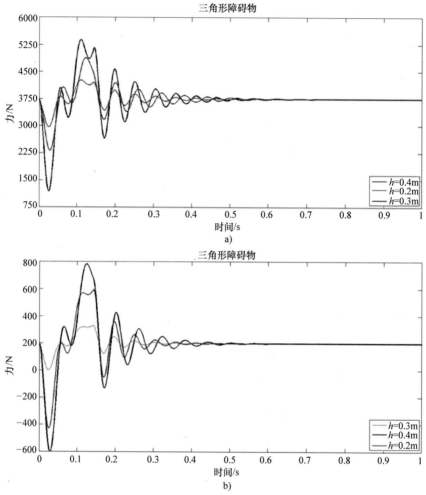

图 2.6　轮胎在不同高度碰撞并穿越三角形障碍物时力的时域变化

a) 垂直方向　b) 纵向

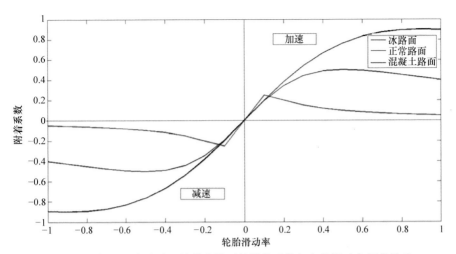

图 2.8 在加速和减速时三种道路类型的附着系数与车轮滑动之间的关系

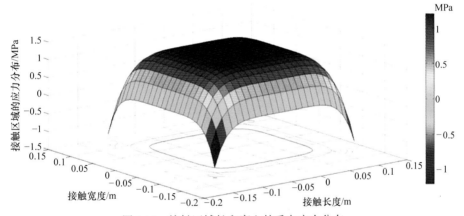

图 2.13 接触区域长和宽上的垂向应力分布

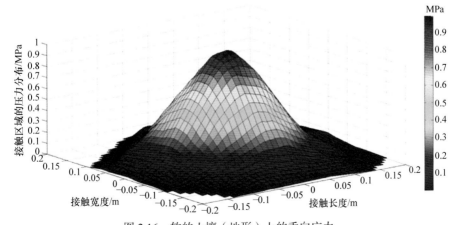

图 2.16 软的土壤（地形）上的垂向应力

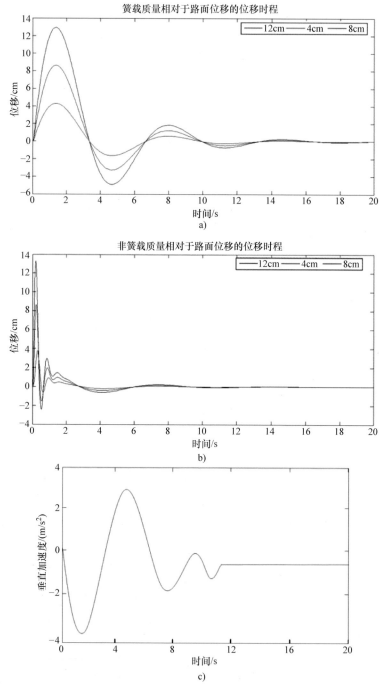

图 3.21 a) 簧载质量位移、b) 非簧载质量位移和 c) 簧载质量加速度

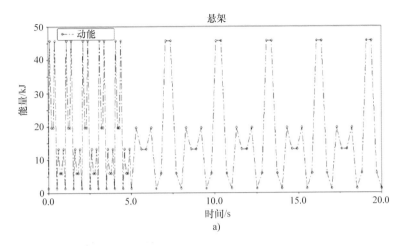

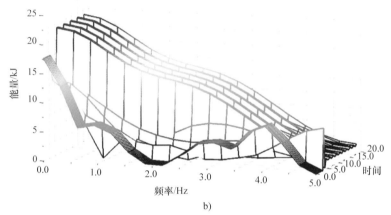

图 4.6   动能随时间 (a) 和频率 (b) 的变化

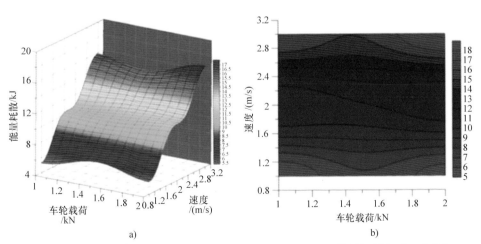

图 4.17   a) 能量损耗相对于速度和车轮载荷的三维演示和 b) 能量损耗相对于速度和
车轮载荷的等值线图

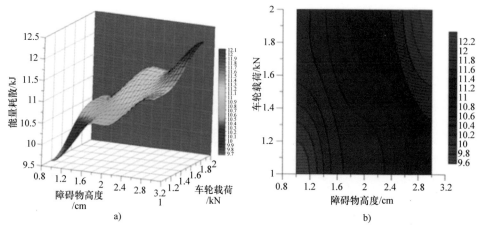

图 4.18 a) 能量损耗相对于障碍物高度和车轮载荷的三维演示和
b) 能量损耗相对于障碍物高度和车轮载荷的等值线图

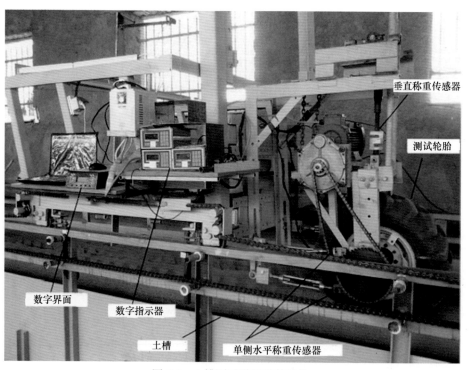

图 5.6 土槽测试设施及其组件

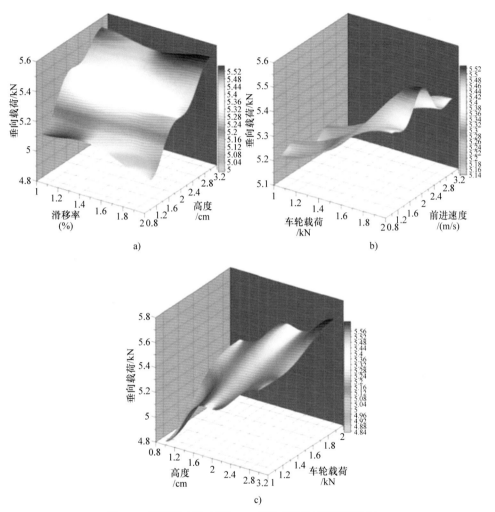

图 5.7 受滑移率和高度 (a)、车轮载荷和前进速度 (b)、
高度和车轮载荷 (c) 影响的垂向载荷的 3D 图

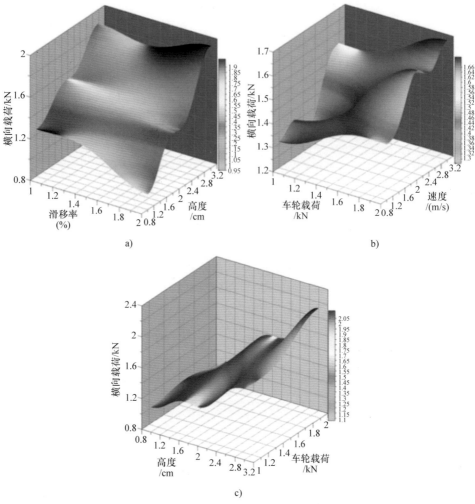

图 5.8　受滑移率和高度 (a)、车轮载荷和前进速度 (b)、
高度和车轮载荷 (c) 影响的横向载荷的 3D 图

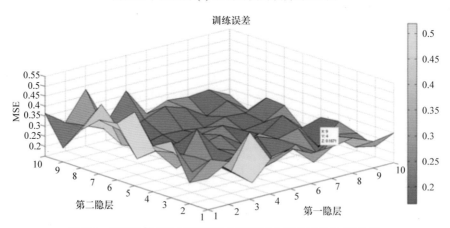

图 5.9　具有最佳拓扑结构的两个隐藏层中神经元的 MSE 变化

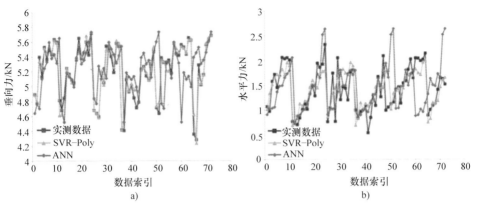

图 5.10　垂向力 (a) 和水平力 (b) 的人工神经网络和基于多项式
函数的支持向量回归法的数据映射

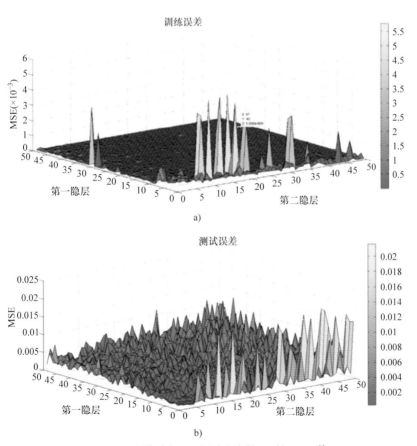

图 5.12　训练阶段 (a) 和测试阶段 (b) 的 MSE 值

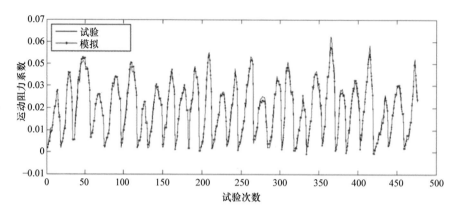

图 5.14 模拟结果和试验结果之间的比较

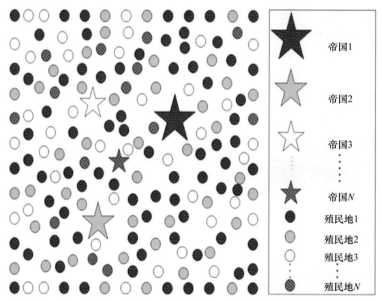

图 5.17 帝国形成的初期，强大的帝国会拥有更多的殖民地

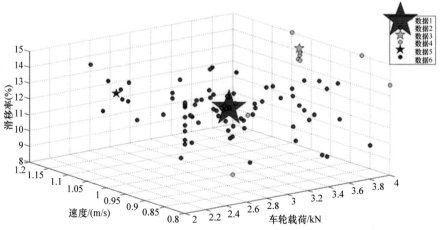

图 5.28 ICA 法输出的帝国及其殖民国家在输入参数的搜索空间中的空间分布

汽车先进技术译丛 汽车创新与开发系列

越野车辆动力学——分析、建模与优化

[伊朗] 哈米德·塔加维法尔（Hamid Taghavifar）
阿里夫·马尔达尼（Aref Mardani） 著

付志军 译

机械工业出版社

本书基于机械概念和理论给出了越野车辆系统建模、数学描述和性能优化分析等问题的相关方法，主要目的是较为准确地概述越野汽车的动力学系统。本书首先建立了与车辆的行驶参数能够很好地吻合的数学模型，同时还介绍了高效地对在崎岖不平路面上行驶的车辆进行建模以获得车辆最佳性能的方法，以及更快地针对越野车辆进行设计、开发、分析的基本原理。本书有助于读者开发计算机程序，并使用一些最先进的人工智能方法来对越野车辆动力学进行分析、建模和优化。读者可以根据需要选择学习。本书可作为高等院校机械工程、车辆工程、交通运输及相关专业的本科生、研究生教材，也可供对越野车辆感兴趣的研究人员和工程技术人员阅读参考。

前　言

由汽车的非线性动力学可知，轮式越野车是一种经常承受不同非线性力和力矩的车辆，它常常在特性复杂或者横断面不规则的路面上行驶。同时，由于车辆的尺寸较大且需要在崎岖不规则路面上作业，轮式越野车也被认为是能源浪费和污染物排放的主要来源。车辆地面力学这门学科主要包括越野车的开发、设计、测试以及车辆与周围环境之间动态相互作用的研究，尤其是轮胎与地面、车轮与道路之间的相互作用。轮胎作为汽车的一个重要子系统，对驾驶员反应和路面输入有着重大影响，但是其复合结构和非线性材料特性使得人们对轮胎性能的研究变得非常复杂。由于车轮承受着施加在车辆上的所有力和力矩，同时还是将车身连接到地面的独特元件，所以车轮在车辆动力学中具有十分重要的作用，汽车的转向、制动、加速、牵引、操纵和稳定性都是通过车轮来实现的。此外，轮胎还是车辆悬架系统中的一个主要子系统，因此要想对车辆动力学有很好的了解，必须先具有一定的车轮动力学知识。尤其是对越野车辆来说，由于轮胎和地面之间的相互作用更具有随机性和不确定性，就更需要对车轮的动力学进行适当研究。越野车辆动力学是用于分析车辆在通过崎岖不规则路面上的跑偏行为的一种动态系统。汽车是由协调运行并具有动态交互作用的各个组件组成的，在这些子系统中，动力系统和悬架系统会极大地影响汽车动力学，汽车的性能、操纵性和平顺性对上述车辆子系统而言至关重要。此外，在制动过程中，由于各个部件的组合起到了集中质量的作用，从而使车辆的运动速度降低。经典的车辆动力学研究可以解决试验、分析、半经验和数值方法的问题，自从引入了人工智能以来，人们越来越多地趋向于将不同的软计算应用于诸如建模、优化和车辆控制策略等多种任务中。汽车动力学涉及基于机械概念和理论的车辆系统建模、数学描述和分析等问题，本书的主要目的是较为准确地概述越野汽车动力学系统。在建立第一个模型之前，首先要对数学模型进行分析，使数学模型与车辆的行驶参数较好地吻合，这是十分重要的。此外，还介绍了一些趋向于更快地开发、分析及更高效地对在崎岖不平路面上行驶的汽车进行建模以获得车辆最佳性能的方法，以及工程师们对大型车辆设计时的需求等的基本原理。

本书适用于对越野车辆工程领域感兴趣的学生、工程师和设计师，它包含了车辆动力学和车辆地面力学的基本知识，这些知识可能会有助于读者开发计算机程序，并使用一些最先进的人工智能方法来对越野车辆动力学进行分析、建模和优化。首先，本书介绍了车辆地面力学的作用以及一些基本的原理和术语，还介绍了一些用于测量路面特性的仪器，这对于分析任何土壤工作设备都是至关重要的。随后，介绍了车辆模型的一个重要组成部分：轮胎模型，它对车辆的动力学有着很大的影响，讨论了不同的轮胎参数，研究了在不同加速和减速方式下轮胎的运动学和动力学。读者做出的轮胎和地面的综合模型需要包含车轮和地形在各种条件下的相互作用，并能够通过一些影响车辆性能的参数来介绍越野车的性能，例如空气动力、滚动阻力、总牵引力和车辆与障碍物的碰撞等。在向读者介绍了上述的基本知识后，本书将讨论四分之一车辆模型、二分之一车辆模型、非机动车辆模型和全车模型的平顺性，以及在不同操作条件下的运动稳定性和车辆操纵性。此外，还从能量损耗和应用车辆动力学方法来获取/回收能量的角度，讨论了越野车辆的机动性，并通过案例研究以及一些不同的方法和各种模型的适用性之间动态比较的例子，来介绍不同的人工智能方法在建模与优化中的应用。最后，还简单概述了一些车辆动力学系统的应用性问题。

作者

译者的话

非常感谢机械工业出版社邀请让我来翻译 Hamid Taghavifar 博士著的 *Off-road Vehicle Dynamics: Analysis, Modelling and Optimization*，这给了我一个推动国内的越野车辆的理论教学和研究的机会。

我曾在加拿大 Concordia 大学先进车辆工程研究中心 CONCAVE 从事研究工作，合作导师为车辆动力学领域国际权威专家之一的加拿大院士 Subhash Rakheja 教授和知名控制学者 WenfangXie 教授，有幸认识了正在做博士后的 Hamid Taghavifar 博士，并对其在越野车辆动力学方面的深入研究产生浓厚兴趣。在翻译过程中，由于本书涉及前沿的一些人工智能方法，其中的许多专业术语尽量遵循其在相关学科的通用表达，力求做到忠于原著。

本书详细介绍了越野车辆动力系统建模、数学描述和性能优化等问题的相关方法，并通过研究实例介绍了最先进的人工智能方法在建模、优化以及悬架控制中的应用。相关问题都能从数学根源上进行分析，深入浅出，结合具体实例，易于理解，非常适合作为高等院校机械工程、车辆工程、交通运输及相关专业的本科生、研究生教材，也可以作为对越野车辆感兴趣的研究人员和工程技术人员阅读参考。

尽管译者致力于车辆动力学方面的研究，翻译时也是斟酌再三，但难免还存在一些不妥和错误的地方，敬请同行和读者赐教指正。

付志军

郑州轻工业大学

2021 年 9 月于东风校区西四楼

目 录

第1章　越野车的介绍

专业术语

A—接触面积

τ—剪应力

σ—正应力

c—土壤黏聚力

φ—土壤内摩擦角

W—车轮集中载荷

p_0—平均压力

z—土壤下沉度

v—浓度系数

　　越野车和普通的公路汽车是非制导地面车辆的两个主要子类，在不受编程和人工智能控制的前提下，驾驶员通常能够驾驶着它们在道路上实现自由行驶。越野车则主要是指可以在未铺设路面的道路上行驶的车辆，其目的在于能够达到广泛的工作目标，例如采矿、运输、农业机械、军事目的和赛车等，通常可以通过庞大的车身尺寸、轮胎胎面花纹、悬架系统和车轮之间的动力分配这些特点来识别越野车。相对于公路车辆，越野车辆对不平整的路面和车辆运行状态的处理方法有所不同，较低的对地压力可以避免下沉、轮胎和地面连续不断的接触可以提供不间断的牵引力，这些都是越野车辆的确定性特征。轮式车辆主要通过大轮胎或双轮胎（例如，农用拖拉机）和柔韧的长悬架来满足上述标准，因为大轮胎或者双轮胎可以提供较低的对地压力，同时，柔韧的长悬架可以使车轮随着地面的不平整而自由调节。对于履带式车辆，采用宽和长的履带可以实现较低的对地压力，并且灵活的履带轮可以满足车轮与地面连续接触的要求。履带式车辆和轮式车辆都有其固有的优缺点，因此如何选择主要取决于想达到什么样的目标和满足什么样的适用性。大多数越野车都会采用特殊的低速齿轮系统、附加的齿轮箱、减速传动装置或者转矩转换器，以保证车辆在柔软可变形地面上行驶时能够充分利用发动机的可用功率。轮式越野车辆常常用一个安装了转向轮的刚体来表示，为了获得足够的牵引力，许多轮式越野车辆都是四轮驱动的，这也会导致轮胎的打滑更严重，但分时四轮驱动技术可以使得车辆有效地以更低的能量损耗和更好的机动性在铺设有路面的道路上行驶。越野车除了一些复杂的性能外，平顺性、稳定性、操纵性和振动分析等与公路汽车同样重要，甚至比公路车更为重要。其性能主要表现为加速性、减速性、牵引参数如牵引力、净牵引力等，以及通过道路的不平整度和防滑性。操纵性和稳定性是两个紧密相关的术语，因为通常人们都希望车辆能够及时并且较好地对驾驶员的指令做出响应，稳定性研究的是车辆在承受外部载荷或者系统中断的情况下如何平稳行驶的问题，平顺性研究的是在行驶过程中，车辆对由于道路的不规则和障碍物而产生振动的响应，以及这些振动对驾驶员和乘客的影响。综上所述，受不同的输入影响，车辆将会有三个主要的任务，如图1.1所示，图中给出了不同输入/输出之间车辆系统的权衡示意图。

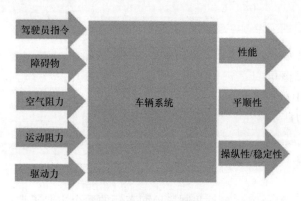

图 1.1   不同输入/输出之间车辆系统的权衡示意图

简而言之，越野车辆动力学是一种用于分析车辆在崎岖不规则路面上的行驶行为的动力学系统。车辆是由协调运行并具有动态交互作用的各个组件组成的，在这些子系统中，动力系统和悬架系统会极大地影响汽车的动力学，车辆的性能、操纵性和平顺性对于上述子系统而言也是非常重要的。但值得注意的是，这些部件的组合会起到集中质量的作用，例如在制动的过程中，会导致汽车的运动速度降低，因此，可以用一个作用在质心的集中质量来表示一辆以惯性质量为特征的车辆，但在对车辆进行振动分析的过程中，如果仍将车轮视为非簧载质量的独立质量时，就要考虑使用多体系统。

1.1   车辆地面力学的作用

不论是发达国家还是发展中国家，很大一部分经济预算和投资都在军事、建筑、交通运输和农业设备这几个领域中，因此人们有理由大力发展越野车行业。车辆地面力学是一个专业术语，是指地面与车辆之间的相互作用，它广泛地涉及了土壤工作机械设备（如农业机械）的设计、制造和开发，以及车辆对地面特征的响应。这个概念最早是由贝克尔（1956）以"土地运动理论"为基础提出的，车辆地面力学的研究主要集中在车辆对地面输入的响应以及地面对车辆反馈的响应这两个方面，同时还考虑了受地面条件影响的越野车多体动力学，主要用于越野车、土壤工作机械设备以及其子系统的设计和使用，其基本思想是提高对地形－车辆系统的认识，促进工程实践和创新、节能和可持续发展。从试验到分析，用了多种方法对地面－车辆的相互关系提出问题、制定标准并进行物理和机械的综合，这个过程包含了许多重要的课题。可以把车辆地面力学当作一个功能催化剂，用来设计和优化汽车的子系统和部件，例如悬架系统、转向系统、动力传动系统、重型车辆的尺寸和功率以及车辆总体的性能、平顺性和稳定性，同时它还考虑到了轮式或履带式车辆与各种特性的路面之间的相互作用，包括雪地、软土地、森林、潮湿的地面等，还有像火星漫步者那样在大气层之外的外星旅行设备。

车辆地面力学在设计师－制造商－用户链中扮演着重要角色，它可以提高车辆的可用性、优化设计和性能，如操纵性、平顺性和安全性。其中，安全性是评估任何类型越野车辆的关键性指标，因为在对车辆事故的调查中，越野车造成的人员伤亡最多，而且它关系到车辆的可靠设计和性能，是保证车辆不发生俯仰、侧偏、横摆等倾覆性事故的重要因素（图1.2）。

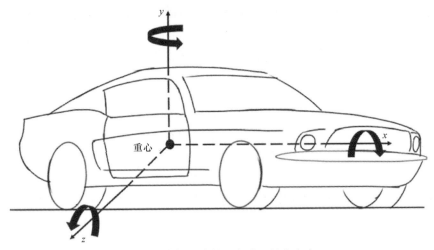

图1.2　车辆运动的6个独立的自由度

从图1.2中可以看出，在笛卡儿坐标系中，车辆的运动包含6个独立的自由度，它们分别是：y方向上的垂直运动、x方向的平移运动、z方向上的左右运动、绕x轴的侧倾运动、绕z轴的俯仰运动和绕y轴的横摆运动。

通常，如何控制上述6个自由度的车辆运动是车辆地面力学中的一个主要讨论问题，即车辆对于驾驶员和路面输入的响应。值得注意的是，任何方向上的力和力矩都与汽车的转向性能无关，x方向上的力与加减速力和牵引力有关，车辆在不规则路面上行驶时，y 方向上的运动是引起振动的关键，侧滑和 z 方向上的运动是由汽车转向造成的，会引起汽车的滚动，当然，不规则的道路也可以造成汽车的翻滚，侧向力也会在斜坡、风大的路上、操纵转弯的时候或者拖拉机上农具的偏置作用下产生。从越野车工程学的角度来看，行走机构是车辆地面力学的研究中心，因为它是使汽车与地面持续接触的唯一元件，车轮之间的动力分配和将动力传输到驱动轮对于实现车辆的性能而言至关重要，因此汽车的动力学与运动学都非常重要。另一方面，对于行走机构来说，这本书主要介绍的转向性和平顺性也十分重要，因此，越野车辆动力学的极限主要取决于车轮。对于典型的车辆，运动由驾驶员来控制，而对于越野车辆，运动往往会受到多种不同因素的影响。驾驶员在操纵公路汽车转向的时候，由于车辆的动力学特性，会使车辆产生侧倾、横摆、俯仰运动。

1.2 车辆地面力学的基本概念

虽然地面和车轮的相互作用是由那些复杂的、非线性的、随机的现象引起的，但在机械工程学科中有一个专门的分支，即所谓的车辆地面力学，有不同的研究和模型来描述这种现象，其基础是地面剖面的力学理论，例如弹性力学理论和塑性力学理论。

车辆地面力学的内容主要有：车辆和车辆行驶的地面是怎样相互作用的，以及在某一种地面状况下，车辆的性能如何或者会受到怎样的影响。它包括地面力学、车辆与地面之间的相互作用、轮式越野车的性能特征以及气动轮胎力学等基本方面，换句话说，车辆地面力学是一门分析车轮与车轮下方表面（地面）之间动态关系的学科。

在承受压缩载荷或是拉伸载荷时，车辆轮胎下方以及受轮胎影响的地面剖面的力学特性能够让研究人员预测到车辆和地面的复合特性，此处的地面剖面是指地形表面的几何图形，用高程距离曲线来表示，根据文献记载，目前已经有很多关于地面特征与车辆特征之间复杂关系的研究。当车辆必须在未铺设路面的道路上行驶时，轮胎的尺寸、形状以及轮胎的参数设计就变得非常重要，必须尽可能地避免车辆在非常柔软的路面上或者积雪路面上行驶时发生下沉现象，因为这些路面的承载能力可能远远低于车辆所施加的载荷。为了解决这个难题，需要从动力学的角度以及材料的强度（土壤介质提供的牵引力、制动力、滚动阻力和下沉现象）全面了解车辆与地面之间的相互关系，在此基础上，对地形特征及与车辆性能密切相关的参数进行识别与综合建模，这是目前车辆地面力学的基础工作，也是动力学研究领域的热点。但这也存在着一个争议，即应该怎样在最大的车辆性能和最小的环境影响（即地面影响）之间进行权衡选择，因此，必须结合定量分析和定性分析，确定地形剖面的控制条件以及如何将结果输入到车辆系统中去，以此来优化车辆的稳定性和性能。

　　地面将如何响应越野车辆对其施加的负载也是一个比较重要的问题。在过去，人们采用不同的方法对地面进行建模，例如将地面视为弹性介质或者视为刚性轮廓，如果地面处于一种不可逆的状态，则会更多地应用塑性理论。弹性理论为大多数处理稠密土壤介质的理论研究奠定了良好基础，但它也有局限性，即载荷不允许超出地面的承载能力，而塑性理论则证明了当地面出现破裂（破坏）现象时，此时提供给车辆的牵引力最大。弹性和塑性区域典型的土壤应力 – 应变曲线如图 1.3 所示。

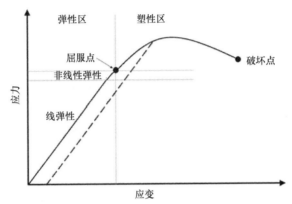

图 1.3　弹性和塑性区域典型的土壤应力 – 应变曲线

　　迄今为止，通过数值计算方法（例如有限元法）进行的研究都失败了，因为某些确定性特征是无法转换成有限元参数的，并且"土壤始终是以连续性的介质形式出现"这个假设也是不现实的，因此不适用于对不连续的土壤变形进行建模。因此，在讨论颗粒状的土壤时，离散单元法越来越受人们欢迎，尤其是在以刚性轮为基础，例如火星漫游者这种安装了履带轮的车辆的研究中。履带轮与土壤颗粒之间的相互作用会影响车辆的整体性能、稳定性以及在土壤介质中的车轮沉降，同时离散单元法还需要找到一种自洽方法来确定模型参数的数量，可以较为真实地表示现场的地形特征。

　　图 1.4 展示了湿的、压实的和干的、压实的两种土壤状态下土壤剪切应力与应变之间的关系。从图 1.4 可以看出，土壤应力曲线取决于土壤的条件，由它可以知道怎样为产生牵引力提供可靠的保障。体积收缩量的变化趋向于一个恒定值或者如图 1.4 所示的渐近线，对于固结黏土和疏松积聚的沙质土壤来说，这种行为十分常见，类似地，体积膨胀的变化发生在初始体积减小之后的膨胀阶段，在过固结黏土和压实砂土中，经常可以观察到这些驼峰形的行为。

　　当车辆处于自推进、驾驶/制动阶段或发动机空转这三种可能模式中的一种时，需要考虑车辆的运动，因为此时行走机构（车轮）应能提供必要的推力或阻力来克服土壤的剪切阻力，为了达到这些要求，需要对履带履齿的形状进行适当的设计，并适当地选择压力分布以及轮胎的胎面花纹和轴向载荷。

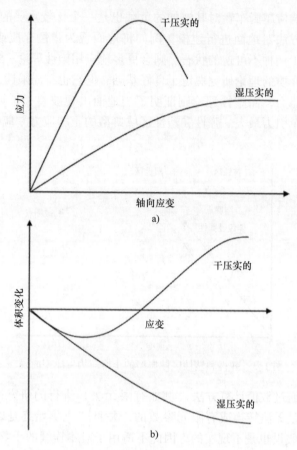

图 1.4　a）两种土壤的剪切应力与应变曲线和 b）两种土壤的体积变化与应变曲线

在需要计算净牵引力（即所谓的挂钩牵引力）时，需要知道克服障碍物的力，这对于确定包括坡道阻力、轮胎变形和地面变形过程在内的滚动阻力都是十分有效的。

在越野车的概念中，应该区分道路和地形及其在车辆运动中的结果。如果地面材料的强度和变形可以提供必要的支持力和牵引力，以使车辆保持恒定的运动并提供所需的牵引力，则此时地面的结构特征会成为另一个限制车速甚至是限制车辆总体控制的因素，这些因素可以归类为：①坡度；②障碍物；③表面粗糙度。

1）坡度。在车辆地面力学的术语中，坡度可以是垂直的墙或者侧堤的表面，而道路坡度一般不超过 18%。由于重力分量的作用，车辆在斜坡上的滚动阻力增加，此时必须通过增大发动机转矩或者动力传动系统的动力传递来增加车轮上的转矩。

2）障碍物。障碍物包括地面特征，以及对车辆来说任何形式的自然或人为的道路不规则障碍，这些障碍会导致车辆在受到干扰的情况下行驶，并需要附加的牵引力以使车辆保持恒定的行驶速度，此外车轮和障碍物之间的冲击力也会严重影响到车辆的运行。障碍物也可以说是一种阻止车辆运动的环境特征，其中，横向、纵向和垂直障碍被定义为不可逾越的地面特征或迫使车辆横向偏离所需路径的特征组合；可克服的地面特征是指车辆在经过该特征时被强制减速，其运动受到了抑制；纵向障碍物是指迫使汽车跨越垂直平面时在垂直平面上运动的障碍物。

3）表面粗糙度。表面粗糙度定义为随机的地面不平整度，它是经过轮胎/车轮组件到车身并最终作用在乘客身上的振动的来源。可以通过收集地面轮廓数据（功率谱密度）的统计方法来描述表面粗糙度，使用土地测量或航空摄影技术按固定的时间间隔，以海拔为单位收集地形数据，并将其换算为地形粗糙度的均方根（RMS）。

物理特性是在各种环境中定义车辆几何形状、尺寸、重量、运行条件所必不可少的问题，根据其行驶机构的类型，可以将车辆分类为轮式车辆、履带式车辆和其他类型，例如充气履带和步行机构，而描述车辆及其组件的术语又分为两大类：①通用车辆术语和②牵引和运输要素术语，其中，牵引和运输要素术语已经被细分为许多子类别来描述上述各种类型的车辆。

车辆接近角是一个等于或小于 90°的角度，它是指汽车前端的牵引或运输元件向前轮所引切线与地面之间的夹角。与此相反的是车辆离去角，它也是一个等于或小于 90°的角度，是由车辆后端的牵引或运输元件向后轮所引切线与地面之间的夹角。

铰接系统是一种两个或者多个车辆单元之间由偏航相互作用而产生转向力的系统，滑行系统是另一种履带或轮式车辆的操作系统，当履带轮或车轮相对于车体没有角度自由度时，可以通过改变车辆两侧行驶机构的相对速度来实现转向。

内部运动阻力是由车辆内部运动部件摩擦而产生的车辆运动阻力，造成牵引元件中能量损失的总运动阻力是指内部运动阻力与外部运动阻力之和。

地面的物理特性可以根据 ISTVS 标准进一步描述如下：

附着力 C_a 是在外部施加压力为零的情况下，土壤与另一种材料之间的剪切阻力。

内摩擦角 φ，表示剪切阻力与作用在土壤上的正应力之间关系曲线的切线与横坐标轴之间的夹角。

休止角 α 是指在自然状态下土壤所呈现的水平与最大坡度之间的夹角。

阿太堡界限是用于区分固态、半固态、塑性和半液态等不同土壤状态中水分含量的界限。

承载力是指由于支撑土块破裂而导致破坏所需要的每单位面积上的平均载荷。

（外部）摩擦系数 μ 是摩擦所引起的剪切阻力与作用在土壤和另一种材料的接触区域上的法向应力之间的比值。

黏聚力在库仑方程中用 c 来表示，是土壤抗剪强度的一部分。

无黏性土壤的抗剪强度主要来自于内部摩擦，并且它的黏性几乎可以忽略不计，可以认为这种土壤在被浸没时几乎没有凝聚力。

黏性摩擦土壤是具有抗剪强度的土壤，这种抗剪强度主要来自于内聚力以及内部的摩擦两方面。

黏性土壤是一种主要由于内聚力和可忽略的内部摩擦而产生抗剪强度的土壤，可以认为该土壤在被浸没时具有明显的黏聚力。

压实是通过机械操作使土壤致密化，从而减少土壤中的气孔。圆锥指数（CI）是一种通常用 WES 圆锥贯入仪获得的土壤强度指标。

库仑方程表示的是土壤的抗剪强度 s 与内表面上有效应力 σ 之间的关系，该方程的形式是 $s = c + \sigma \tan\varphi$，这里的 c 是黏聚力，φ 是内摩擦角。

可塑性是土壤的一种特性，它可以使土壤的变形超过恢复点而不发生开裂或明显的体积变化。塑性指数（PI）是液体极限 LL 和塑性极限之间的数值差，下沉量 z 是从轨道或车轮最低点到地面上原状土壤或积雪表面之间垂直测量出来的距离。

土壤的通过性是指土壤承受车辆通过的能力。

1.3 地形特征

1.3.1 弹性介质

从图 1.5 可以看出，对于那些施加在土壤上不超过屈服强度的载荷，土壤的表现主要以一种线性/非线性的弹性材料特征为主，其中应力分布可以用弹性理论和均质模型中的应力分布来进行估计，各向同性半无限弹性介质在承受不同形式的载荷作用时，可以简化为一个点载荷，并通过布西内斯克方程来定义垂直应力与径向应力，如下所示。

如果 $r = \sqrt{x^2 + y^2}$ 并且 $R = \sqrt{z^2 + r^2}$，则：

$$\sigma_z = \frac{3W}{2\pi [1 + (r/z)^2]^{5/2} z^2} = \frac{3W}{2\pi R^2}\left(\frac{z}{R}\right)^3 = \frac{3W}{2\pi R^2}\cos^3\theta \tag{1.1}$$

$$\sigma_r = \frac{3W}{2\pi R^2}\cos\theta \tag{1.2}$$

在此基础上，忽略了土壤特性和弹性特性以及加载点与加载量之间的应力函数，该模型的另一个缺点是只能用于计算离载荷施加点较远的地方，因为载荷施加点附近的材料是没有弹性的，施加在接触区域上的载荷可以通过使用叠加效应，累积一些离散的点载荷来获得，如下所示。

在方程（1.1）中，用 $\mathrm{d}W = p_0 \mathrm{d}A$ 进行替换：

$$\mathrm{d}\sigma_z = \frac{3p_0 r \mathrm{d}r \mathrm{d}\theta}{2\pi [1 + (r/z)^2]^{5/2} z^2} \tag{1.3}$$

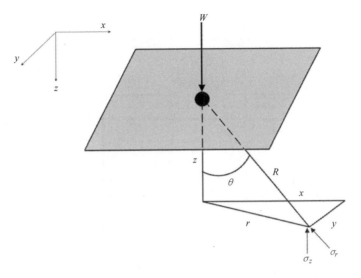

图 1.5　在半无限弹性介质中受表面上一点载荷的应力示意图

通过极坐标来计算双重积分：

$$\sigma_z = \frac{3p_0}{2\pi} \int_0^{r_0} \int_0^{2\pi} \frac{r\mathrm{d}r\mathrm{d}\theta}{\left[1+(r/z)^2\right]^{5/2}z^2} = 3p_0 \int_0^{r_0} \frac{r\mathrm{d}r}{\left[1+(r/z)^2\right]^{5/2}z^2} \tag{1.4}$$

此外，还有一个较为感兴趣的课题，即当有条形载荷作用在表面上时，半无限弹性介质中的应力分布问题。其中无限长且宽度恒定为 b 的条带上均匀压力 p_0 表示如下：

$$\sigma_x = \frac{p_0}{\pi}(\theta_2 - \theta_1 + \sin\theta_1\cos\theta_1 - \sin\theta_2\cos\theta_2)$$

$$\sigma_z = \frac{p_0}{\pi}(\theta_2 - \theta_1 - \sin\theta_1\cos\theta_1 + \sin\theta_2\cos\theta_2) \tag{1.5}$$

$$\tau_{xz} = \frac{p_0}{\pi}(\sin^2\theta_2 - \sin^2\theta_1)$$

介质中承受相同应力大小的点可以用等应力线（或等应力面）的形式来表达，通常把它称为压力球（图 1.6）。

观测表明，由于地形条件的不同，土壤剖面中的应力分布与使用布西内斯克方程建模得到的应力分布是不同的。地形中的应力趋向于集中在加载区域的中心轴附近，并且随着地形中水分含量的增加而增大，在此基础上，将各种半经验因数（或半经验参数）引入到布西内斯克方程中，以此来表明不同类型的地形特性。例如，Frohlich 介绍了浓度因子 v，并将其引入了布西内斯克方程。由施加在表面上的点载荷而引起的地形中垂直应力和径向应力的表达式如下所示：

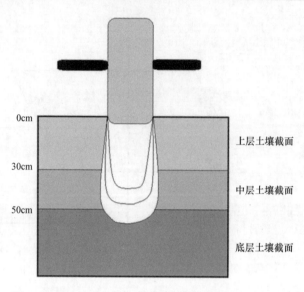

图 1.6　轮式车辆下半无限弹性介质中的垂直应力分布

$$\sigma_z = \frac{vW}{2\pi R^2}(\cos^v\theta) = \frac{vW}{2\pi z^2}(\cos^{v+2}\theta)$$

$$\sigma_r = \frac{vW}{2\pi R^2}(\cos^{v-2}\theta) = \frac{vW}{2\pi R^2}(\cos^v\theta)$$

(1.6)

v 的值取决于地形的种类及其中的水分含量，例如，坚硬、干燥的土壤，v 值为 4，密度和水分含量正常的农田土壤，v 值为 5；而潮湿的土壤，v 值则可能为 6。

1.3.2　塑性区

在塑性区域中，目前已经采用或制定出了一些用于定义地形破坏的准则，其中摩尔－库仑破坏准则是最常用的准则之一。假定某个点处的切应力符合以下公式，则土壤将会在该点处失效：

$$\tau = c + \sigma\tan\phi$$

(1.7)

式中，τ 是剪切应力；c 是黏聚力；σ 是剪切面上的法向应力；ϕ 是材料内部的剪切阻力角。

摩尔－库仑破坏准则的意义可以借助应力摩尔圈进行进一步的说明。如果地形材料样本受到不同状态的应力作用，则对于每一种破坏模式，都可以构建出摩尔圆，如图 1.7 所示。

如果用一条直线来包络这组摩尔圆，则黏聚力就是该直线与剪切应力轴的交点，并且该直线的斜率通常被用来表示内部剪切阻力角度的大小。摩尔－库仑破坏准则简单明了地表达出了如果代表地形中某一点应力状态的摩尔圆与包络线相交，则该点处将会发生破坏。

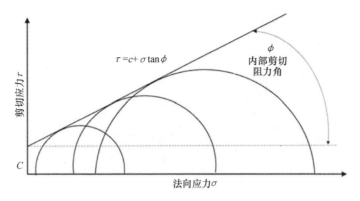

图 1.7　塑性区的摩尔 – 库仑破坏准则

这个准则的重要之处在于，人们可以直接使用黏聚力 c 和内部剪切阻力角 ϕ 来计算出地面的承载力以及履带式或轮式车辆系统的最大推力和最大阻力，如果轮胎或履带与地面的接触面积是已知的，并且假设接触区域的压力是均匀的，则可以通过下式来估算最大牵引力（推力）：

$$F = \tau A = (c + \sigma\tan\phi)A = cA + W\tan\phi \qquad (1.8)$$

式中，A 是轮胎或履带与地面的接触面积；W 是接触压力与接触面积的乘积，即轮胎或履带上的法向载荷。

值得注意的是，对于饱和黏土来说，其抗剪强度中假定内部剪切阻力角 ϕ 等于零，而对于干砂而言，其抗剪强度中忽略掉了土壤黏聚力这一项。

1.4　土壤测量仪器的介绍

通常，人们采用圆锥贯入仪和贝氏仪来测量地面的力学特性，以用于有关车辆机动性的研究，具体选用哪种方法取决于想要达到什么样的目的。例如，如果计划要让越野汽车工程师进行开发和设计新的产品，那么用于测量和表征地形特性的方法将与军方人员打算使用的仅基于走或者不走策略的车辆交通技术大不相同。目前，有两种主要的技术可用于测量和表征地形特性以评估该领域越野车辆的机动性：圆锥贯入仪技术和贝氏仪技术。

圆锥贯入仪是一种由水道实验站（WES）开发的，用于获得原位抗剪强度和土壤承载力指标的仪器。它由一个 30° 的圆锥体和面积为 0.5in² 或 0.2in²（3.23cm² 或 1.29cm²）的底座组成，安装在轴的一端，轴上有标识穿透深度的周向带，在轴的顶端安装一个千分表，该千分表处于一个测力环内，指示着轴向施加到贯入仪上力的大小，使用时将仪器垂直地压入土壤，同时记录下不同深度时的刻度盘读数。圆锥贯入仪与以下参数有关：圆锥指数（CI）、重塑指数（RI）、额定圆锥指数（RCI）、车辆圆锥指数（VCI）和坡度指数。图 1.8 是一个圆锥贯入仪的示意图。

图 1.8　一种典型的圆锥贯入仪

如图 1.8 所示，由尖端锥角为 30°、一个标准杆、一个称重传感器和芯片组组成的 RIMIK 数字贯入仪设备（CP20），可以用来测量锥度指数，根据 ASAE 标准 S313.2，测量时仪器必须以 0.02m/s 的恒定速度穿透进土壤。

贝氏仪是一种用于测量原位土壤强度的仪器，该仪器由两个独立的设备组成：一个用于测量土壤的抗剪强度，另一个用于测量土壤的承载能力。测量抗剪强度的装置是由一个安装在轴端的松紧环构成的，在测量时对环施加多个恒定的垂直载荷，然后以恒定速率旋转，记录下扭矩和角位移来计算土壤的抗剪强度。测量承载能力的装置是一个板式的贯入仪，测量时将不同尺寸的平板压入土壤，记录下凿入力和下沉量来计算土壤的承载能力。贝氏仪与以下参数有关：①黏聚力 c_0；②内部剪切阻力角 ϕ；③下沉模量 k、k_c、k_φ；④下沉指数 n。

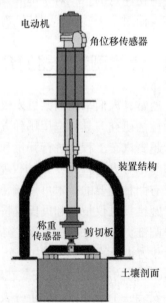

电动机

角位移传感器

装置结构

称重传感器　剪切板

土壤剖面

图 1.9　带有履齿剪切板的贝氏仪装置

总而言之，贝氏仪通常用来测量地面的力学性能以研究车辆的机动性。贝氏仪的测试包括两个试验：测量垂直载荷的渗透试验和测量由车辆施加剪切载荷的剪切试验（图 1.9）。贝氏仪的大小应该与车轮或履带的尺寸相同，DEM 分析可以通过一种尺寸获取数据来模拟另外一种不同尺寸的贝氏仪性能。

值得一提的是，还有一些其他的应用方法来确定和表征土壤的参数，例如叶片剪切试验（叶片剪切试验方法是用于非常软或弱黏结性地面原位测量的常规方法）和三轴压缩试验测试（基于 Von – Mises、Tresca 和摩尔 – 库仑失效准则），但这些方法不像 CI 方法那样常用于越野车辆动力学理论，因此在本书中不再做进一步扩展说明。

参 考 文 献

1. Hohl, G. H., & Corrieri, A. (2000). Basic considerations for the concepts of wheeled off-road vehicles. In *Proceedings of FISITA World Automotive Congress, Seoul, Korea*.
2. Janosi, Z., & Green, A. J. (1968). Glossary of terrain-vehicle terms. *Journal of Terramechanics, 5*(2), 53–69.
3. Meyer, M. P., Ehrlich, I. R., Sloss, D., Murphy, N. R., Jr., Wismer, R. D., & Czako, T. (1977). International society for terrain-vehicle systems standards. *Journal of Terramechanics, 14*(3), 153–182.
4. Wong, J. Y. (1989). *Terramechanics and off-road vehicles*. Amsterdam: Elsevier.
5. Bekker, M. G. (1956). *Theory of land locomotion*. Ann Arbor, Michigan: The University of Michigan Press.
6. Sohne, W. (1958). Fundamentals of pressure distribution and soil compaction under tractor tires and 290. *Agricultural Engineering, 39*, 276–281.

第2章　车轮与地面的相互作用

专业术语

m—质量

v—速度

G—线性动量

F—力

M—力矩

I—质量惯性矩

α—角加速度

N—垂直于接触面的反作用力分量

N_t—净牵引力

R_r—滚动阻力

l—轮胎和地面的接触长度

T—轮胎提供的转矩

J_W—车轮的惯性矩

$\dot{\omega}_W$—车轮的角速度，上面的点表示对时间的微分

R_W—车轮的半径

N_V—地面的垂直反作用力

T_e—发动机转矩

T_b—制动转矩

F_t—牵引力

F_W—车轮与地面的摩擦

i，λ—车轮滑移率

$\mu(\lambda)$—附着系数

k_x，k_y，k_z—x，y，z方向上的轮胎刚度

Δz—垂直载荷下轮胎的线位移（轮胎的垂直变形）

Δx—轮胎的纵向变形

Δy—轮胎的横向变形

U—应变能函数

C_1，C_2—与温度相关的材料参数

λ_1，λ_2，λ_3—主拉伸比

I_1，I_2—格林变形张量的第一和第二应变不变量

k_r—轮胎动刚度

c—轮胎的阻尼比

ω—固有频率

σ_z—z 方向上的应力分量

τ_x—纵向剪切应力

τ_y—横向剪切应力

$I_x(y)$—x 方向上 y 长度的一半

$W_y(x)$—y 方向上 x 宽度的一半

V^A—机体 A 的约束

V^B—机体 B 的约束

$^t x_M^A$—机体 A 的表面 $^t S^A$ 上质点 M 的坐标

$^t x^B$—机体 B 的表面 $^t S^B$ 上所有点的坐标

λ_N—法向接触力

μ—摩擦系数

$\dot{\gamma}_\alpha$—轮胎与道路接触平面的切向滑移率

C_{sp}，N_b—无量纲的道路剖面常数

$S_x(f)$—功率谱密度函数

Ω—空间频率

$S_x(\Omega)$—功率谱密度函数

T—周期

u—轮胎线速度

K_s—每单位纵向滑移率的总纵向力

K_β—每单位侧滑角的总侧向力

V_s—滑移速度

在车轮与地面的相互作用中，有很多影响因素在系统的输出中起着重要作用，鉴于本书的重点更多地放在地面对车辆性能和机动性指标的影响上，又由于车轮是地面与车辆之间的一个独特的连接元件，车辆上所有的力和力矩都要通过车轮来进行传递，故在此主要介绍环境（地形）特性对车轮的影响。车轮负责支撑车辆以及汽车的转向、操纵和产生动力，例如牵引力、制动力，车轮还是车辆悬架系统中的一部分，并且在铺装道路上行驶时应该与在非铺装道路上行驶时的运动状态有所区别。

2.1 车轮与障碍物的碰撞

车轮动力学中，一个非常重要的专业课题是研究冲击力，在描述碰撞体的特性方面，冲量和动量原理是十分重要的。冲击是指两个物体之间的碰撞，其特征是作用时间较短，产生的接触力较大。对于线性动量，我们可以写出它的基本运动方程如下：

$$\sum F = m\dot{v} = \frac{\mathrm{d}}{\mathrm{d}t}(mv) \tag{2.1}$$

其中质量与速度的乘积定义为质点的线性动量 $G = mv$。方程（2.1）可以用下述三个标量分量来表示：

$$\sum F_x = \dot{G}_x, \ \sum F_y = \dot{G}_y, \ \sum F_z = \dot{G}_z \tag{2.2}$$

一段时间内的合力 $\sum F$ 对线性动量的影响可表述为

$$\int_{t_1}^{t_2} \sum F \mathrm{d}t = G_2 - G_1 = \Delta G \tag{2.3}$$

也可以写成：

$$m(v_1)_x + \int_{t_1}^{t_2} \sum F_x \mathrm{d}t = m(v_2)_x$$
$$\tag{2.4}$$
$$m(v_1)_y + \int_{t_1}^{t_2} \sum F_y \mathrm{d}t = m(v_2)_y$$

在车轮行驶的过程中，纵向力和垂直力在没有坡度且不会产生横向力的地面上对车辆的影响更为明显。图 2.1 展示了不同形式的障碍物。

图 2.1　车轮跨越不同障碍物的示意图

但实际上，速度在垂直方向和纵向这两个方向上为矢量：

$$\vec{v} = \dot{x}i + \dot{y}j \tag{2.5}$$

车轮的路径受障碍物几何形状的影响如下：

$$y = \sin\frac{2\pi}{l}x \quad 0 < x < 2\pi \tag{2.6}$$

三角形障碍物可用以下的方程来描述：

$$y = \begin{cases} ax & x < \dfrac{l}{2} \\[2mm] -ax & x > \dfrac{l}{2} \end{cases} \tag{2.7}$$

式中，l 是障碍物的长度；a 是障碍物在不同高度处的斜率。

梯形障碍物可以用方程（2.8）来表述：

$$trapezoid(x;a,b,c,d) = \begin{cases} 0, & x \leqslant a \\[2mm] \dfrac{x-a}{b-a}, & a \leqslant x \leqslant b \\[2mm] 1, & b \leqslant x \leqslant c \\[2mm] \dfrac{d-x}{d-c}, & c \leqslant x \leqslant d \\[2mm] 0, & d \leqslant x \end{cases} \tag{2.8}$$

基于牛顿 – 欧拉方法所提出的控制方程主要应用于解决轮胎 – 障碍物的碰撞问题（图 2.2）：

$$\begin{aligned} \sum F_x &= m_t a_x \\ \sum F_y &= m_t a_y \\ \sum M &= I\alpha = \bar{I}\ddot{\theta} \end{aligned} \tag{2.9}$$

式中，m_t、M、I 和 α 分别表示轮胎的质量、力矩、质量惯性矩和角加速度。根据方程（2.9），有以下等式：

$$\begin{aligned} N_t - N\cos\theta - R_r &= ma_x \\ N\sin\theta - mg &= ma_y \\ N\cos\theta \times l\sin\theta + N\cos\theta \times l\cos\theta - T &= \bar{I} + m_t r^2 \end{aligned} \tag{2.10}$$

式中，N、N_t、R_r、l 和 T 分别是垂直于接触表面的反作用力分量、净牵引力、滚动阻力、轮胎与地面之间的接触长度以及施加到轮胎上的转矩。

在这种情况下，纵向冲击力和横向冲击力可以表示为

$$\begin{aligned} F_l &= N\cos\theta = N_t - ma_x - R_r \\ F_v &= N\sin\theta = m(a_y + g) \end{aligned} \tag{2.11}$$

值得注意的是，由于加速度在 x 和 y 方向上的矢量分量会随着障碍物的形状而

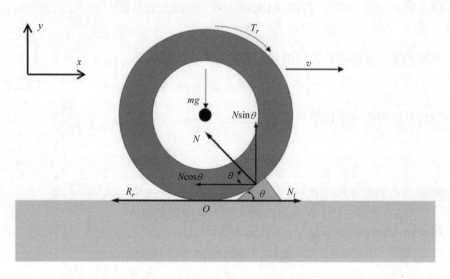

图 2.2　轮胎与障碍物的碰撞图

有所改变，因此得到的力在时域中也会随之变化。

　　图 2.3 描述了在不同的障碍物高度下，轮胎在垂直方向上与高斯形状的障碍物碰撞和移动时，时域中力的变化，也可以看到带有试验结果的验证过程。从图中可以看出，在发生碰撞后，力会变得非常紊乱，直到一段时间后振动被吸收并衰减，其峰值取决于障碍物的高度，增加障碍物高度会导致冲击力增大。此外，垂直力受到冲击力（压缩负载和拉伸负载）的影响更大，因此它的振幅变化范围也更大，为了保证车辆行驶时的平衡性，整车模型的准确性和可靠性必须与所选用轮胎模型的性能匹配。对于障碍物高度所造成的影响，主要是由于垂直方向上的动量变化引起了速度在垂直方向 y 上发生了改变（即 Δv_y），在同一方向上形成了线性冲击，因此，由于上述速度变化（即 Δv_y），在障碍物高度增加时，垂直诱导惯性力增加，从而产生了加速度分量，这个过程很好地描述了当障碍物高度增加时，垂直力是怎样变化的。同时，增加障碍物高度会导致车轮在水平方向上的瞬时速度降低，并使得水平方向上的线性动量发生显著变化，进而产生更大的线性冲击。图 2.4 描述了在进行模型验证时纵向力随时间的变化，以及在不同障碍物高度下力随时间的变化。通过上述论证可以看出，增加障碍物高度会导致冲击力增大。

　　图 2.5 描述了不同高度的梯形障碍物在两个方向上冲击力的变化。由于动量在垂直方向上的变化引起了垂直方向 y 上的速度变化（即 Δv_y），从而形成了同一方向上的线性冲击，由于车轮在纵向方向上瞬时速度减小，导致线性动量发生变化并产生较大的纵向冲击力。图 2.6 描述了不同高度的三角形障碍物在两个方向上的冲击力变化，前面已经讨论了其他障碍物几何形状变化的正当性。

　　结果表明，通过梯形障碍物时的纵向冲击力最小，通过三角形障碍物时的纵向冲击力最大，垂直方向上三角形障碍物可以造成最大冲击力，而与纵向冲击力相反，高斯障碍物的冲击力最小。这些结论可为汽车悬架设计和轮胎制造提供重要的参考依据。

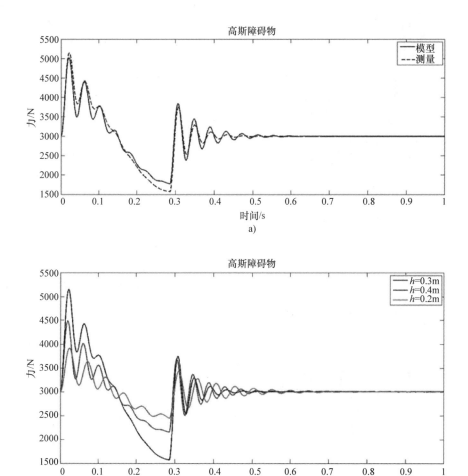

图 2.3　轮胎沿垂直方向在不同障碍物高度处与高斯
形状障碍物撞击并通过障碍物时力的时域变化
a）模型验证　b）在不同高度时的结果

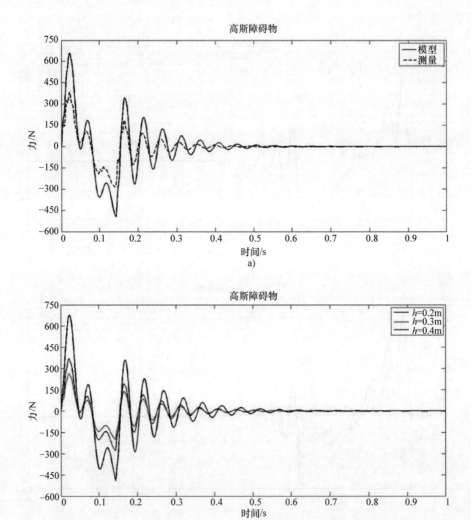

图 2.4 轮胎在不同高度碰撞并沿纵向穿越高斯形状障碍物时力的时域变化

a）模型验证 b）在不同高度时的结果

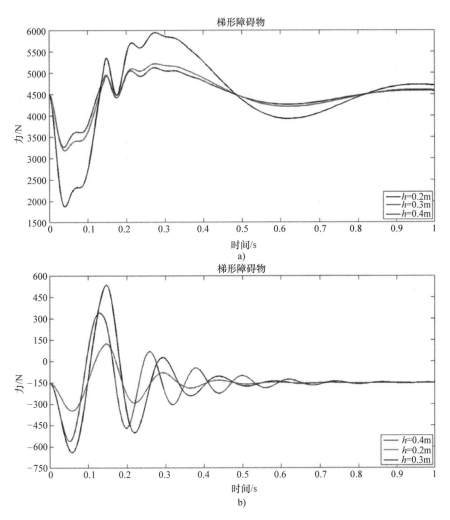

图 2.5　轮胎在穿越梯形障碍物时，不同高度碰撞的力的时域变化

a）垂直方向　b）纵向

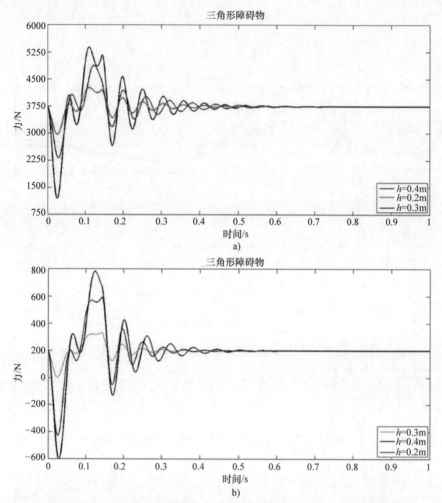

图 2.6　轮胎在不同高度碰撞并穿越三角形障碍物时力的时域变化

a）垂直方向　b）纵向

2.2　轮胎模型

车轮的角运动可以用动态运动方程来表示：

$$\dot{\omega}_W = \frac{T_e - T_b - R_W F_t - R_W F_W}{J_W} \qquad (2.12)$$

式中，J_W 为车轮的转动惯量；$\dot{\omega}_W$ 为车轮的角速度，上面加一点表示对时间的微分；R_W 为车轮的半径；T_e 是发动机转矩；T_b 是制动转矩；F_t 是牵引力；F_W 是轮胎与地面的摩擦力，也叫滚动阻力。车轮的示意图如图 2.7 所示，N_V 是地面的垂直反作用力。

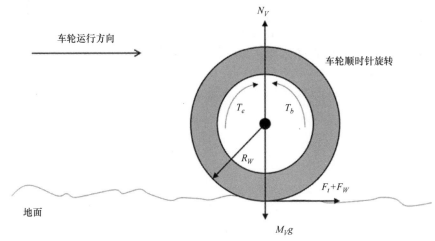

图 2.7　动力学条件下的车轮示意图

作用在车轮上的总力矩除以车轮的转动惯量等于车轮的角加（减）速度，总力矩由与制动力矩方向相反的发动机转矩和轮胎牵引力、车轮与地面摩擦力（也叫滚动阻力）所产生的力矩分量组成。轮胎的牵引力（制动力）可以通过下式求得：

$$F_t = \mu(\lambda) N_V \tag{2.13}$$

作用在轮胎上的法向力（地面给轮胎的反作用力）N_V 取决于车辆的参数，例如车辆的质量、车辆重心的位置以及车辆的操纵性和悬架的动力学特性。向气动轮胎施加驱动转矩或者制动力矩会在轮胎与地面的接触面上产生牵引力或制动力，驱动转矩使轮胎胎面在与地面的接触平面以及接触平面的前方产生压缩，导致轮胎的行驶距离比自由滚动时短，同样，当施加制动力矩时，会使轮胎胎面在与地面接触平面和接触平面的前方产生张力，导致轮胎的行驶距离比自由滚动时长，这种现象称为车轮滑移或者变形滑移。附着系数是牵引力（制动力）与法向载荷之间的比值，取决于轮胎和路面的状况以及车轮的滑动系数 λ，λ 可以表示为

$$\lambda = \frac{(\omega_W - \omega_V)}{\omega}, \omega \neq 0 \tag{2.14}$$

式中，ω_V 是车轮的角速度，定义为车轮线速度 v 除以车轮半径 R_W。

变量 ω 定义如下：

$$\omega = \max(\omega_W, \omega_V) \tag{2.15}$$

是车辆角速度和车轮角速度中的较大者。附着系数 $\mu(\lambda)$ 是车轮滑动系数的函数，对于不同的道路状况，附着系数 $\mu(\lambda)$ 的曲线有着不同的峰值和斜率。在建模中，用以下函数来计算名义附着系数：

$$curve: \mu(\lambda) = \frac{2\mu_p \lambda_p \lambda}{\lambda_p^2 + \lambda^2} \tag{2.16}$$

式中的 λ_p 和 μ_p 表示峰值，路况不同时，曲线有不同的峰值和斜率。附着系数的滑移特性还受速度和垂直载荷等运行参数的影响，附着系数的峰值通常为 0.1（冰路面）~0.9，一般的道路表面大概为 0.5，附着系数与车轮滑动的关系如图 2.8 所示。

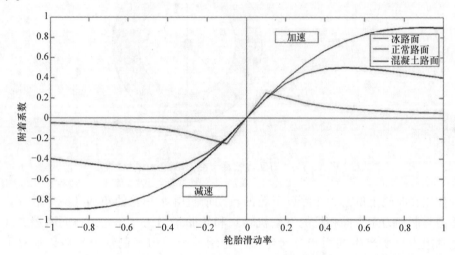

图 2.8 在加速和减速时三种道路类型的附着系数与车轮滑动之间的关系

轮胎与道路之间的接触和相互作用极大地影响了车辆的行驶性能，因此车辆动力学是目前工程师比较感兴趣的一门学科，它的目的是优化轮胎和道路的相互作用，从而使车辆在任何情况下都能很好地被操纵并安全舒适地运行。为了评估轮胎特性对车辆动力学性能的影响，研究人员需要对轮胎与路面的接触现象进行精确描述。

为了确定轮胎和道路的力系和相互作用，可以以轮胎印迹中心为原点建立笛卡儿坐标系，如图 2.9 所示，当轮胎非常狭窄时，可以近似地看作是一个平面，即轮胎平面，将轮胎平面与地面的交线视为坐标系的 x 轴，z 轴垂直于 x 轴，与重力加速度 g 的方向相反，y 轴的方向则根据右手螺旋定则来确定。

引入外倾角 γ 和侧偏角 α 来进一步表明轮胎的方向。外倾角是 x 轴上轮胎平面和垂直平面之间的夹角，从图 2.9 中可以清楚地看出，侧偏角是 z 轴上速度矢量与 x 轴之间的夹角。

以轮胎所受的力为对象建立坐标系，假定坐标原点位于轮胎印记中心，且力可以沿着 x 轴、y 轴、z 轴分解，轮胎与地面的相互作用就形成了如图 2.9 所示的包含三个力和三个力矩的空间力系。

2.2.1 力和力矩

纵向力 F_x 是作用在 x 轴方向上的力，当纵向合力 $F_x > 0$ 时，车辆加速，而当

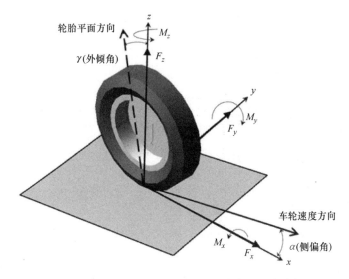

图 2.9　轮胎的空间力系，包括三个力和三个力矩

$F_x < 0$ 时，车辆减速（制动模式）；垂直力 F_z 是垂直于地面的垂直方向上的力，向上时 $F_z > 0$，向下时 $F_z < 0$；横向力 F_y 是与地面相切且正交于 F_x 和 F_z 的力，如果 F_y 沿 y 轴的正向，则 $F_y > 0$，当 F_y 沿 y 轴反方向时，$F_y < 0$。

侧倾力矩 M_x 是绕 x 轴的纵向力矩，当总侧倾力矩 $M_x > 0$ 时，轮胎可能会绕 x 轴翻转，侧倾力矩也叫作倾斜力矩、倾斜扭矩或倾覆力矩。俯仰力矩 M_y 是绕 y 轴的横向力矩，当俯仰力矩 $M_y > 0$ 时，轮胎会绕着 y 轴旋转并向前移动，俯仰力矩也称为滚动阻力转矩。横摆力矩 M_z 是绕 z 轴的力矩，当 $M_z > 0$ 时，轮胎会绕着 z 轴旋转，横摆力矩也被称为回正力矩或自对准力矩。

2.2.2　轮胎刚度

如果轮胎的刚度是已知的，则在轮胎法向变形量一定的时候就可以计算出轮胎的法向载荷，这符合轮胎的弹性性能，因此确定轮胎的刚度特性是了解不同载荷条件下轮胎性能的重要步骤。根据胡克定律（一种物理学原理），将弹簧（或柔性材料）延伸或压缩一定距离 X 所需的力 F 与该距离成正比，即：

$$F_x = k_x \Delta x \tag{2.17}$$

$$F_y = k_y \Delta y \tag{2.18}$$

$$F_z = k_z \Delta z \tag{2.19}$$

式中，系数 k_x、k_y 和 k_z 分别代表 x、y 和 z 方向上的轮胎刚度，也即纵向、横向和法向上的刚度特性。

证明：

假设法向负载下轮胎的线性位移为 Δz，即 $z_2 - z_1$。根据泰勒级数，可以得出关于静态平衡（z_0）的力，如下所示：

$$F_z(z_0 + \Delta z) = F_z(z_0) + \left.\frac{\partial F_z}{\partial z}\right|_{z=z_0} \Delta z + \frac{1}{2!} \left.\frac{\partial^2 F_z}{\partial z^2}\right|_{z=z_0} (\Delta z)^2 + \cdots \qquad (2.20)$$

可以简写为

$$F_z = (z_0 + \Delta z) = F_z(z_0) + \Delta F_z \qquad (2.21)$$

式中，ΔF_z 表示由于轮胎变形而产生的力的变化，可以表示为

$$\Delta F_z = \left.\frac{\partial F_z}{\partial z}\right|_{z=z_0} \Delta z + \frac{1}{2} \left.\frac{\partial^2 F_z}{\partial z^2}\right|_{z=z_0} (\Delta z)^2 + \cdots \qquad (2.22)$$

当位移量很小时，忽略掉式中 Δz 次数较高的项，有：

$$\Delta F_z = \left.\frac{\partial F_z}{\partial z}\right|_{z=z_0} \Delta z \qquad (2.23)$$

$$\Delta F_z = k \Delta z \qquad (2.24)$$

式中，k 是刚度系数，可以用下式来计算：

$$k = \left.\frac{\partial F_z}{\partial z}\right|_{z=z_0} \qquad (2.25)$$

众所周知，刚度曲线会受到许多参数的影响，其中影响最大的是轮胎充气压力，可以通过在适当方向上施加力进行试验来确定横向与纵向的力和挠曲特性。当轮胎垂直受载时，横向力和纵向力将受到滑动力的限制。

从图 2.10 可以看出，$k_x > k_z > k_y$，即最大和最小的轮胎刚度分别出现在纵向和横向这两个方向上，也就是说，在纵向上有一个确定的位移要比在横向上有一个相同的位移需要更大的力。图 2.11 是轮胎基于法向力、纵向力和横向力的垂直变形、纵向变形和横向变形。

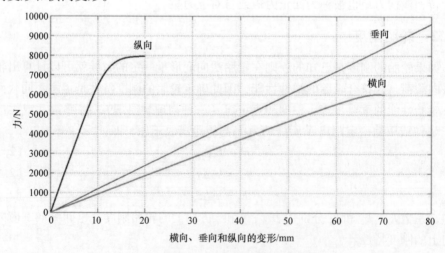

图 2.10 横向、垂直和纵向上的刚度曲线

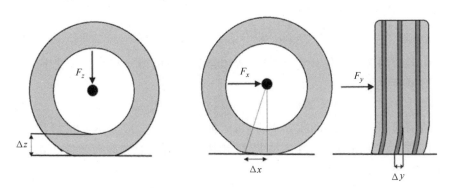

图 2.11 轮胎的垂向、纵向和横向变形

轮胎作为黏弹性材料具有滞后效应，即加载时的刚度曲线与卸载时的刚度曲线不完全相同，在图 2.12 中，加载曲线和卸载曲线所围成的区域表示滚动阻力中的一部分所耗散的能量，当然，在越野行驶条件下，滚动阻力的剩余部分由土壤沉陷造成，在循环载荷的作用下，轮胎反复地变形和恢复，其区别在于在这个反复的过程中，一部分能量转化为热能损失掉了。

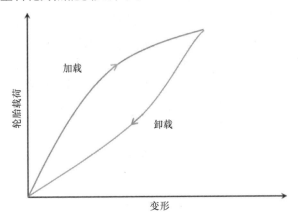

图 2.12 轮胎垂直加载和卸载时的滞后效应

由于与轮胎变形相反的滞后阻尼力作用，滞后环会增大。对于金属结构来说，滞后阻尼力与频率无关，其值与相移 90° 之后相应弹力的一部分相等。

应该指出的是，目前人们已经针对超弹性特性设计出了许多不同的试验方法。Mooney 为建立橡胶材料的大弹性变形数学理论做出了非常重要的贡献，他基于以下的内容推导了应变能函数：

$$U = C_1(\lambda_1^2 + \lambda_2^2 + \lambda_3^2 - 3) + C_2(\lambda_1^{-2} + \lambda_2^{-2} + \lambda_3^{-2} - 3) \tag{2.26}$$

式中，C_1 和 C_2 是随温度变化的材料参数；λ_1、λ_2 和 λ_3 是主要拉伸比。Rivlin 认为橡胶材料是均匀、各向同性和不可压缩的，应变能函数的推导如下：

$$U = \sum_{i+j=1}^{\infty} C_{ij}(I_1 - 3)^i + (I_2 - 3)^j \tag{2.27}$$

式中，C_{ij} 是材料参数；I_1 和 I_2 分别是格林应变张量的第一和第二应变不变量。如果仅考虑幂级数的前两项，则应变能函数可以简化为

$$U = C_{10}(I_1 - 3) + C_{01}(I_2 - 3) \tag{2.28}$$

这就是所谓的 Mooney - Rivlin 方程，Yeoh 通过消去第二应变不变量得到了 Rivlin 应变能函数，因为与第一应变不变量 I_1 相比，I_2 对应变能函数的变化影响较小，方程可以写为

$$U = \sum_{i=1}^{3} C_{ij}(I_1 - 3)^i \tag{2.29}$$

Ogden 建立了应变能模型，其应变能函数如下所示：

$$U \overset{def}{=} \sum_{i=1}^{N} \frac{2\mu_i}{\alpha_i^2}(\lambda_1^{-\alpha_i} + \lambda_2^{-\alpha_i} + \lambda_3^{-\alpha_i} - 3) \tag{2.30}$$

然而，Ogden 是基于一种应变试验模型的应力 - 应变数据推导出的应变能函数，故其非线性回归方法无法预测其他变形模式下的特性。

确定轮胎的动力学特性非常重要，轮胎的动刚度是影响车辆行驶的重要因素之一，为评估速度和障碍物的几何特性对轮胎动刚度的影响，人们提出了一种基于瞬时动态响应的推导方法来获得共振时的动刚度。迁移率函数的峰值是通过量化固有频率下的动刚度而得到的，运动迁移率模数 $\dot{Y}/F$ 可以用下式来计算：

$$\left| \frac{\dot{Y}}{F} \right| = \frac{\omega}{\sqrt{(k_r - \omega^2 m)^2 + \omega^2 c^2}} \tag{2.31}$$

式中，k_r 和 c 分别是轮胎的动态刚度和阻尼比；ω 是固有频率；m 是轮胎质量。运动迁移率模量的峰值发生在：

$$\frac{d}{d\omega}\left| \frac{\dot{Y}}{F} \right| = \frac{d}{d\omega}\left(\frac{\omega}{\sqrt{(k_r - \omega^2 m)^2 + \omega^2 c^2}} \right) = 0 \tag{2.32}$$

可以得到以下式子：

$$\frac{(k_r - \omega^2 m)(k_r + \omega^2 m)}{\sqrt{(k_r - \omega^2 m)^2 + \omega^2 c^2}[(k_r - \omega^2 m)^2 + \omega^2 c^2]} = 0 \tag{2.33}$$

因此，轮胎动刚度可以用下式进行计算：

$$k_r = \omega^2 m \tag{2.34}$$

综上所述，对于恒定质量的轮胎，动刚度与轮胎的固有频率有关，主轴的垂直固有频率对矩形障碍物高度的响应非常不敏感，即垂向动刚度对障碍物高度的敏感性几乎可以忽略不计，此外，主轴的纵向固有频率随着道路障碍物高度的增加而降低，这意味着纵向的动刚度下降。

2.2.3 轮胎印迹

轮胎的接触印痕和轮胎应力是密切相关的，它是车辆轮胎与地面实际接触的部分，决定了轮胎与地面接触部分的大小。在接触印痕中，施加在轮胎上的力可以分解为两个分量，即垂直于地面的分量和与地面相切的分量，接触印痕的尺寸和形状以及内部的压力分布对行驶中车辆的平顺性、稳定性和操纵参数是非常重要的。

在接触区域中，施加在轮胎上的垂向应力是应力在 z 轴方向上的分量（σ_z），纵向和横向的剪切应力分别用 τ_x 和 τ_y 来表示。根据稳态载荷条件下的平衡理论，可以得到以下方程：

$$\int_A \tau_x(x,y)\mathrm{d}A = 0, \int_A \tau_y(x,y)\mathrm{d}A = 0, \int_A \sigma_z(x,y)\mathrm{d}A = F_z \tag{2.35}$$

为了建立出可靠的垂向应力模型，必须正确地估算接触区域的几何形状和参数，在刚性表面上，接触区域可能会显示为椭圆形（图 2.13）：

$$\left(\frac{x}{a}\right)^k + \left(\frac{y}{b}\right)^k = 1, \ k = 2n, n \in N \tag{2.36}$$

式中，椭圆的指数（即 k）与轮胎的类型有关，一般在 $1 \sim 3$ 变化。如果轮胎是子午线轮胎，则取 $n = 3$，并用以下的应力分布函数。

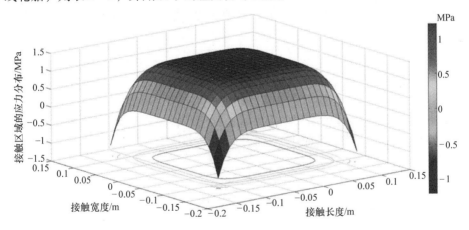

图 2.13　接触区域长和宽上的垂向应力分布

垂向应力 $\sigma_z(x,y)$ 可以通过以下函数近似得出：

$$\sigma_z(x,y) = \sigma_{z\max}\left(1 - \frac{x^6}{a^6} - \frac{y^6}{b^6}\right) \tag{2.37}$$

式中，a 和 b 表示接触区域轮胎的尺寸（图 2.14）。用这种方式可以得到基于平衡方程的以下函数：

$$F_z = \int_A \sigma_z(x,y)\mathrm{d}A = \iint_A \sigma_{z\max}\left(1 - \frac{x^6}{a^6} - \frac{y^6}{b^6}\right)\mathrm{d}x\mathrm{d}y \tag{2.38}$$

切向应力方程也应该满足稳态载荷条件下的平衡理论，即所谓的剪切应力 τ 应根据 x 和 y 方向上接触区域的面积来确定。

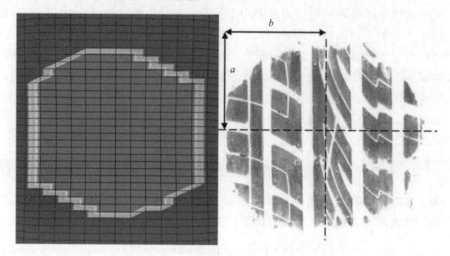

图 2.14　一种典型的轮胎与地面的接触区域和其上的轮胎应力分布

轮胎上的切向应力在 x 轴方向上向内，在 y 轴方向上向外，因此，轮胎在 x 轴上有拉伸地面的趋势，而在 y 轴上有压缩地面的趋势（图 2.15）。

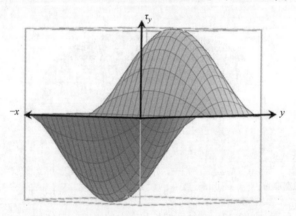

图 2.15　轮胎在 x 方向和 y 方向上切向应力的分布

轮胎印迹上力的分布并不是恒定的，它受轮胎结构、负载、充气压力和环境条件的影响。根据文献记载，在 x 和 y 方向上的轮胎切向应力可以表示如下：

$$\tau_x(x,y) = -\tau_{x\max}\left(\frac{x^{2n+1}}{a^{2n+1}}\right)\sin^2\left(\frac{x}{a}\pi\right)\cos\left(\frac{y}{2b}\pi\right) \quad n \in N \qquad (2.39)$$

$$\tau_y(x,y) = -\tau_{y\max}\left(\frac{x^{2n}}{a^{2n}}-1\right)\sin\left(\frac{y}{b}\pi\right) \quad n \in N \qquad (2.40)$$

用这种方法可以得到接触区域中道路表面和软土壤（地形）表面的垂向应力，

如图 2.16 所示，而对于刚性表面来说，刚性表面上的应力分布更加均匀，这种图形趋势之间的差异可以归因于土壤剖面的下沉（变形）。

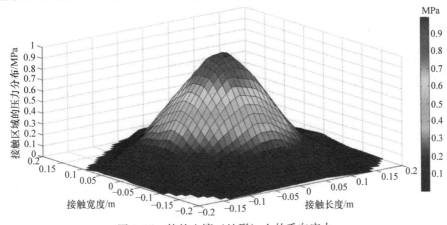

图 2.16 软的土壤（地形）上的垂向应力

对于土壤和轮胎的接触区域，区域的外围可以用一个在以原点为中心的正交坐标系中的超椭圆来进行建模，超椭圆方程如下：

$$\left| \frac{x}{a} \right|^n + \left| \frac{y}{b} \right|^n = 1 \tag{2.41}$$

式中，指数 n 决定了超椭圆的形状，是一个正实数；参数 a 和 b 决定了半长轴的长度，从而确定表面的比例。

因此，y 可由下式进行计算：

$$y = b \left(1 - \frac{x^n}{a} \right)^{\frac{1}{n}} \tag{2.42}$$

在样本 x 的范围介于 $0 \sim 0.6$ 且参数 $a = b = 1$ 的情况下，y 的输出如图 2.17 所示。

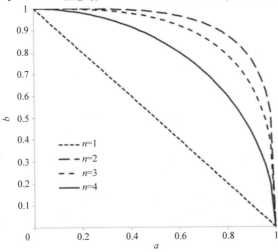

图 2.17 从坐标原点开始，当 $a = b = 1$ 且 $n = 1$、2、3、4 时第一象限的曲线形状

以上的描述只是为了阐明超椭圆形状的一些主要原理以及指数 n 的作用，其在第一象限的面积为

$$A = b\int_0^a \left(1 - \frac{x^n}{a^n}\right)^{\frac{1}{n}}\mathrm{d}x = kab \tag{2.43}$$

式中，k 是一个常数，它是 n 的函数，可以通过数值积分的方法得出。正如 Keller 所提出的，参数 n 的大小如下所示：

$$n = 2.1(ab)^2 + 2 \tag{2.44}$$

式中，n 是一个无量纲的数；b 为轮胎宽度（m）；a 为接触长度（m）。值得注意的是，当 $n = 2$ 时，曲线是一个标准的椭圆形，而当 n 趋向于无穷大时，曲线则趋向于一个矩形。

在 PerSchjønning 等人开发的 Frida 模型中，再次采用了超椭圆假设：

$$\left|\frac{x}{a}\right|^n + \left|\frac{y}{b}\right|^n = 1 \tag{2.45}$$

在此模型的基础上，用 Ω 来表示超椭圆的边界和内部：

$$\Omega = \{(x,y) \mid |x/a|^n + |y/b|^n \leqslant 1\} \tag{2.46}$$

接触区域中垂向应力的分布可以通过方程（2.47）进行建模，它是由 Keller 提出的方程组合，将其标准化为单位接触区域宽度和单位应力：

对于 $(x,y) \in \Omega$ 和 0，有：

$$\sigma(x,y) = F_{wheel}C(\alpha,\beta,a,b,n)f(x,y)g(x,y) \tag{2.47}$$

否则：

$$f(x,y) = \left\{1 - \left|\frac{x}{l_x(y)}\right|^\alpha\right\}$$

$$g(x,y) = \left\{\left(1 - \left|\frac{y}{w_y(x)}\right|\right)(1/g_{max})\exp\left[-\beta\left(1 - \left|\frac{y}{w_y(x)}\right|\right)\right]\right\} \tag{2.48}$$

g_{max} 表示 g 的最大值，范围为 $0 < y < W_y(x)$，用 β 表示如下：

$$\beta \leqslant 1 : g_{max} = \exp(-\beta)$$
$$\beta \geqslant 1 : g_{max} = \exp(-1)/\beta \tag{2.49}$$

式中，F_{wheel} 是车轮载荷（kN）；$C(\alpha,\beta,a,b,n)$ 是参数的函数，是一个积分常数，是为了确保 $S(x,y)$ 在接触区域 Ω 上积分时，总载荷为 F_{wheel}。

此外，$l_x(y)$ 是接触印痕中 x 方向上 y 处长度的一半，$W_y(x)$ 是 y 方向上 x 处宽度的一半。f 函数表示行驶方向上的应力分布形式，即相对应力作为相对接触区域半长的函数；g 函数表示沿垂直于行驶方向（即横向）的应力分布形式（越过车轮）。

图 2.18 是 f 函数以及在某些特定的 α 值下行驶方向上的应力分布，α 值越大，行驶方向上的应力分配就越令人满意；α 值越小，接触区域中间（车轴下方）的应力峰值就越陡峭。

当 $\beta \leqslant 1$，应力在轮胎中心处达到峰值时，整个车轮上的应力分布情况会变得

非常复杂，并且 b 减小时该峰值还会增加（图 2.19）；当 $\beta > 1$ 时，应力显示出两个峰值，这些峰值收敛到轮胎边缘，从而增加了 β 的值。因此，该模型能够描述抛物线形状以及 U 形的应力分布，而这些应力分布正是我们所需要的。

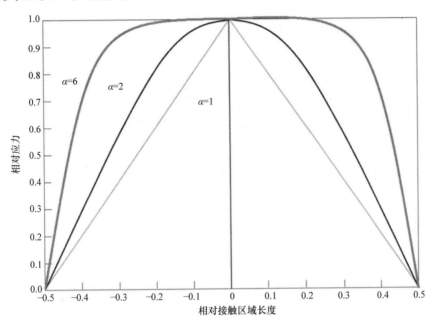

图 2.18 相对应力与相对接触区域长度的关系

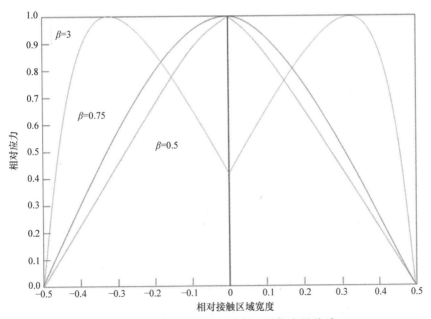

图 2.19 相对应力与相对接触区域宽度的关系

2.2.4 轮胎与道路的建模

为了限制两个相互接触的物体的运动，我们对两个物体施加法向接触条件（图 2.20）。物体 A 的约束 V^A 和物体 B 的约束 V^B 确保了在运动中，这两个接触的物体无法相互渗透。在轮胎和地面的理论接触模型中，C^A 和 C^B 分别表示轮胎和道路。

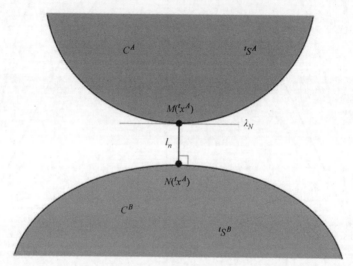

图 2.20　两个物体的接触示意图

设 $^t x_M^A$ 为粒子 M 在物体 A 上 $^t S^A$ 表面 t 时刻的坐标，该粒子与 $^t S^B$ 表面上最近的粒子 $N(^t x^B)$ 之间的距离 l（图 2.19）可以表示如下：

$$^t l = l(^t x_M^A, t) = \left| {}^t x_M^A - {}^t x_N^B \right| = \min \left| {}^t x_M^A - {}^t x^B \right| \tag{2.50}$$

式中，$^t x^B$ 表示表面 $^t S^B$ 上所需的任意粒子的坐标，并且 l 的方向必须与垂直于接触平面的单位矢量 $^t n^B$ 的方向一致。因此，矢量 $^t l$ 可以表示如下：

$$^t \boldsymbol{l} = \boldsymbol{l}(^t x_M^A, t) = (^t x_M^A - {}^t x_N^B) {}^t \boldsymbol{n}_N^B \tag{2.51}$$

为了满足两个接触物体（即轮胎和道路）不能互相渗透的要求，引入以下约束来定义表面 $^t S^B$ 上的任意粒子 P：

$$^t \boldsymbol{l}_n = \boldsymbol{l}(^t x_M^A, t) = (^t x_M^A - {}^t x_N^B) {}^t \boldsymbol{n}_N^B \geqslant 0 \tag{2.52}$$

当 $^t l_n > 0$ 时，表示粒子 M 与 $^t S^B$ 表面之间存在间隙；当 $^t l_n = 0$ 时，表示粒子 M 与 $^t S^B$ 表面相互接触。由于上述方程对 $^t S^A$ 表面和 $^t S^B$ 表面上的任意粒子都是有效的，因此方程可以写为

$$^t \boldsymbol{l}_n = \boldsymbol{l}(^t x^A, t) = (^t x^A - {}^t x^B) {}^t \boldsymbol{n}^B \geqslant 0 \tag{2.53}$$

此外，由于等效垂向接触力是由压力提供的，因此垂向接触力 λ_N（图 2.20）所满足的条件为

$$\lambda_N \geqslant 0 \tag{2.54}$$

在对滚动接触的切线方向进行分析时，采用库仑摩擦模型来定义切向的接触条件，在工程分析中，库仑摩擦模型因其简单性和适用性而被广泛地使用，在库仑摩擦模型的定义中，滑动发生在切向接触力 $\tau_{eq} = \sqrt{\tau_1^2 + \tau_2^2}$ 与临界应力 $\tau_{crit} = \mu\lambda_N \geqslant 0$ 相等的时候，这就意味着摩擦力不允许超过临界应力，即：

$$\tau_{eq} = \sqrt{\tau_1^2 + \tau_2^2} \leqslant \mu\lambda_N \tag{2.55}$$

式中，μ 是摩擦系数；τ_1 和 τ_2 分别是 t_1 和 t_2 方向上的剪切应力；λ_N 表示垂向接触力。另一方面，当 $\tau_{eq} < \tau_{crit}$ 时，轮胎和刚性路面之间不会有相对运动的发生，采用刚性黏性行为来近似地模拟非相对运动状况，

$$\tau_\alpha = k\,\dot{\gamma}_\alpha \quad (\alpha = 1, 2) \tag{2.56}$$

式中，τ_α 表示切向方向上的剪切应力；$\dot{\gamma}_\alpha$ 表示轮胎与道路接触平面的切向滑动率；$k = \mu\lambda_N/2\Delta\omega R$ 表示黏度；ω 是旋转角速度；R 是车轮的滚动半径；Δ 是滑移公差。

2.2.5　轮胎滚动阻力

轮胎与路面相互作用力的重要产物之一就是滚动阻力，基本上就是它导致了轮胎的能量损耗，在行驶过程中，轮胎与车轮下方土壤的不断变形是能量损耗的主要来源，这种现象非常复杂，几乎所有的操作条件都会影响最终结果。越野车辆在轮胎与土壤接触（取决于接触区域）的车轮运动期间，都会有滚动阻力这种现象发生。由于存在着橡胶和土壤的变形，机械能不断地被转换为热能，被转换的能量等于运动中橡胶变形（暂时的弹性变形）或轮胎下方的土壤变形（恒定的塑性变形）所需要的能量，滚动阻力就是施加在车轮上的与行进方向相反的阻力，因此，由于道路不平整而造成的能量损失用纵向力相对运动所做的功来表示：

$$E_d = \sum |F_x(i)| \cdot U_x(i) \tag{2.57}$$

当轮胎在不平整道路上以恒定速度 v 滚动且失去自由滚动条件的状况下，纵向力为负值；当 $\omega r > v$ 时，纵向力为正值，然而，不论是正的纵向力还是负的纵向力都会导致轮胎从自由滚动的模式中中断，这就代表着在运动方向上出现了由滚动阻力而造成的能量损耗。

滚动阻力可以用单位行驶距离所损耗的能量来确定，即：

$$F_R = D_E/L = D_E/\sum U_x(i) \tag{2.58}$$

式中，F_R 是滚动阻力；L 是运动距离；D_E 是耗散的能量。作为消耗车辆燃料的重要因素，滚动阻力已经引起了研究者越来越多的关注，因为由它引起的能量消耗是车辆能量损失的主要组成部分。滚动阻力是轮胎滚动时损失的能量，而轮胎不断变形是导致能量损失的主要原因，主要是由非弹性效应产生的，即车轮变形（或运动）所需的全部能量并不能在压力消失的时候完全被回收。能量损失有两种形式，

即轮胎的迟滞损失和地面的永久（塑性）变形。滚动阻力形成的另一个原因被认为是由于车轮和地面之间的打滑从而消耗了能量，因此，路面的状况和地形特性在确定总滚动阻力中起着重要的作用。

在有关车辆行驶性能的研究中，可以将不平坦的道路看作是正弦谐波波浪形的道路，是一个三角形的阶跃函数，但是这种简单的道路轮廓形状可能无法用作研究车辆动力性能的功能基础。为了提出更现实的道路轮廓类型，可以采用随机函数这个更好的分析平台来获得关于车辆动力性的准确结果，在道路轮廓被看作是随机函数的情况下，可以用功率谱密度函数来表示，同时与道路轮廓的功率谱密度函数相关的道路不平整度可以近似为

$$S_x(\Omega) = C_{sp}\Omega^{-N_b} \tag{2.59}$$

式中，Ω 是空间频率；$S_x(\Omega)$ 是道路轮廓高程的功率谱密度函数（$m^3/cycle$）；C_{sp} 和 N_b 是两个确定路面不平度的无量纲道路轮廓常数。为了对道路轮廓进行时域转换，将功率谱密度以时频形式表示，即：

$$S_x(f) = C_{sp}v^{N_b-1}f^{-N_b} \tag{2.60}$$

式中，v 是车辆行驶速度；f 是时间频率；$S_x(f)$ 是功率谱密度函数（m^2/Hz）。表 2.1 是不同功率谱密度函数的不同路面的 N_b 值和 C_{sp} 值。

表 2.1　不同功率谱密度函数的不同路面的 N_b 值和 C_{sp} 值

道路类型	N_b	C_{sp}
光滑跑道	3.8	4.3×10^{-11}
粗糙跑道	2.1	8.1×10^{-6}
光滑高速公路	2.1	4.8×10^{-7}
有碎石的高速公路	2.1	4.4×10^{-6}

利用离散傅里叶变换（DFT）来建立时间序列 $x(n)$ 与频率序列 $X(k)$ 之间的关系，如下所示：

$$\text{DFT}\quad X(k) = DFT[x(n)] = \sum_{n=0}^{N-1} x(n)\mathrm{e}^{-j\frac{2\pi}{N}nk}\quad k = 0,1,2,\cdots,N-1 \tag{2.61}$$

$$\text{IDFT}\quad x(n) = \frac{1}{N}\sum_{n=0}^{N-1} X(k)\mathrm{e}^{j\frac{2\pi}{N}nk}\quad k = 0,1,2,\cdots,N-1 \tag{2.62}$$

式中，N 表示这两个序列的长度。

通常在 DFT 过程中，道路的功率谱密度被限制在 $[0, +\infty)$ 区间上，需要将单侧的道路功率谱密度函数 $S_x(f)$ 转换为双侧的道路功率谱密度函数 $G_x(f)$。根据实偶函数 $G_x(f)$ 的性质，功率谱密度函数 $S_x(f)$ 和 $G_x(f)$ 之间的关系可以表示为

$$S_x(f) = \begin{cases} 2G_x(f) & f \geq 0 \\ 0 & f < 0 \end{cases} \tag{2.63}$$

根据功率谱密度的定义，$S_x(f)$ 可以表示为

$$S_x(f) = \lim_{T \to \infty} \frac{2}{T} |X(f)|^2 = \lim_{T \to \infty} \frac{2}{T} \left| \int_{-\infty}^{+\infty} x(t) e^{-j2\pi ft} dt \right|^2 \tag{2.64}$$

式中，t 是模拟的时间；T 是周期；$x(t)$ 是时间序列；$X(f)$ 是相应的频率序列。当 $t > 0$ 且周期 T 受限制时，方程（2.64）可以写为

$$S_x(f) = \frac{2}{T} |X(f)|^2 = \frac{2}{T} \left| \int_0^T x(t) e^{-j2\pi ft} dt \right|^2 \tag{2.65}$$

通过离散傅里叶变换（DFT），功率谱密度可以表示为

$$S_x(f_k) = \frac{2}{N\Delta t} \left| \sum_{n=0}^{N-1} x(n) e^{-j2\pi f_k n\Delta t} \Delta t \right|^2 = \frac{2\Delta t}{N} |X(k)|^2 = \frac{2T}{N^2} |X(k)|^2 = \frac{2}{\Delta f N^2} |X(k)|^2 \tag{2.66}$$

式中，Δt 是时间增量；$N = T/\Delta t$；$\Delta f = 1/N\Delta t$；$f_k = k\Delta f$。因此，根据功率谱密度和时间序列之间的关系，可以将频率序列写为

$$|X(k)| = |\text{DFT}[x(n)]| = N \sqrt{S_x(f_k) \Delta f / 2}$$
$$= N \sqrt{S_x(f = k\Delta f) \Delta f / 2} \quad (k = 0, 1 \cdots, N_r - 1) \tag{2.67}$$

对频率序列采用离散傅立叶变换的逆变换函数可以得到时间序列。通过上述方法，可以获得不同类型路面的路面高程。

如前所述，计算长度是用于推导有效滚动阻力的，但是滚动阻力计算的起点是不平坦道路的起点，它由过渡长度加上计算长度组成。轮胎在不平整路面上行驶过距离 L 时，这段距离上的滚动阻力可以通过下式进行计算：

$$F_R|_{0 \to L} = \frac{D_E}{L} = \frac{D_E}{\sum U_x(i)} \tag{2.68}$$

式中，$F_R|_{0 \to L}$ 是轮胎在不平整路面上行驶过距离 L 时的平均滚动阻力。

有效滚动阻力是通过提取出轮胎转 3 圈所覆盖距离内的滚动阻力，并计算该距离内的滚动阻力平均值而获得的，有效滚动阻力 $F_R|_e$ 的计算如下：

$$F_R|_e = \frac{F_{R1} + F_{R2} + F_{R3}}{3} \tag{2.69}$$

式中，F_{Ri}，$i = 1$，2，3 分别表示第一圈、第二圈和第三圈时的滚动阻力。

2.2.6 轮胎的加减速特性影响

作用在轮胎上的纵向力对制动/牵引力以及加速/减速特性有影响，当轮胎橡胶与轮辋配合良好时，该模型可用于分析制动/牵引力，胎面橡胶由围绕在轮胎圆周的许多独立的弹簧组成，这些弹簧被称为刷子模型，这种轮胎模型采用了 Bernard 等人和 Abe 的研究。

在时间间隔 Δt 内，位移 x 可以由下式进行计算：

$$x = u\Delta t \tag{2.70}$$

由于轮胎的线速度等于角速度乘以轮胎半径（$u = R_0\omega$），则从点 O' 到 P' 的 x 坐标为（图 2.21）：

$$x' = R_0\omega\Delta t \tag{2.71}$$

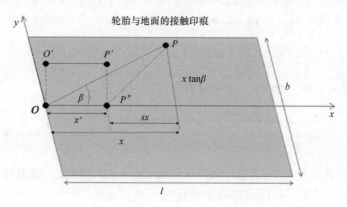

图 2.21　轮胎与地面接触面的变形

之前的两项（x 和 x'）表示胎面橡胶的变形，它们之间的差值可以表示如下：

$$\Delta x = x - x' = \frac{u - R_0\omega}{u}u\Delta t \tag{2.72}$$

如果轮胎的纵向滑移为

$$s = \frac{u - R_0\omega}{u} \tag{2.73}$$

有：

$$\Delta x = xs \tag{2.74}$$

y 方向上从 O 到 P 的距离为

$$y = x\tan\beta = \frac{\tan\beta}{1 - s}x' \tag{2.75}$$

由于点 P' 在 y 方向上没有位移，因此以上所述是胎面橡胶在 y 方向上的变形，则沿 x 方向和 y 方向上作用在点 P 上单位长度和宽度的力分别为 σ_x 和 σ_y：

$$\sigma_x = -K_X(x - x') = -K_x\frac{s}{1 - s}x' \tag{2.76}$$

$$\sigma_y = -K_y y = -K_y\frac{\tan\beta}{1 - s}x' \tag{2.77}$$

这些力的符号取为与轴方向相反的方向。此外，合力的大小为

$$\sigma = (\sigma_x{}^2 + \sigma_y{}^2)^{\frac{1}{2}} = (K_x{}^2 s^2 + K_y{}^2 \tan^2\beta)^{\frac{1}{2}}\frac{x'}{1 - s} \tag{2.78}$$

式中，K_x 和 K_y 是单位宽度和单位长度的纵向和横向胎面橡胶刚度。当出现轮胎纵向滑移率和侧滑角时，轮胎发生变形，产生了与 x' 成比例的接触表面力，分布在轮

胎与地面的接触面上。假设轮胎的压力分布与之前 2.2.3 小节中的一致，

$$p = \frac{6F_z}{bl} \frac{x'}{l} \left(1 - \frac{x'}{l}\right) \tag{2.79}$$

当轮胎与地面的接触表面力如方程（2.78）中所示时，接触力在胶合面满足 $0 \leqslant x' \leqslant x'_s$，当轮胎的接触表面力为 μp 时，接触力在滑动区域满足 $x \geqslant x''$。

在胶合面上，作用在接触表面上的力在 x 方向和 y 方向上分别为 σ_x 和 σ_y，在滑动区域，x 方向和 y 方向的力分别是 $\mu p \cos\theta$ 和 $\mu p \sin\theta$。此处的 θ 决定了轮胎打滑的方向，接触平面内力的分布如图 2.22 所示。

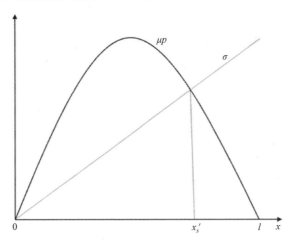

图 2.22　接触面上力的分布

通过替换 $\sigma = \mu p$ 来寻找 x'_s，并引入一个无量纲的变量如下：

$$\xi_s = \frac{x'_s}{l} = 1 - \frac{K_s}{3\mu F_Z} \frac{\lambda}{1 - s} \tag{2.80}$$

式中，

$$\lambda = \left(s^2 + \left(\frac{K_\beta}{K_s}\right)^2 \tan^2\beta\right)^{\frac{1}{2}} \tag{2.81}$$

$$K_s = \frac{bl^2}{2} K_x, K_\beta = \frac{bl^2}{2} K_y \tag{2.82}$$

由以上可知，在 x 和 y 方向上，作用在整个轮胎接触表面上的总力表示如下。

当 $\xi_s > 0$ 且接触面是由胶合区域和滑动区域两个部分组成的时候：

$$F_x = b\left(\int_0^{x'_s} \sigma_x \mathrm{d}x' + \int_{x'_s}^1 -\mu p \cos\theta \mathrm{d}x'\right) \tag{2.83}$$

$$F_y = b\left(\int_0^{x'_s} \sigma_y \mathrm{d}x' + \int_{x'_s}^1 -\mu p \sin\theta \mathrm{d}x'\right) \tag{2.84}$$

当 $\xi_s > 0$，接触面仅由滑动区域组成时：

$$F_x = b\int_0^1 -\mu p\cos\theta \mathrm{d}x' \tag{2.85}$$

$$F_x = b\int_0^1 -\mu p\cos\theta \mathrm{d}x' \tag{2.86}$$

将方程（2.85）和方程（2.86）代入方程（2.78）和方程（2.79），F_x 和 F_y 可以写为，

若：

$$\xi_s = 1 - \frac{K_s}{3\mu F_z}\frac{\lambda}{1-s} > 0 \tag{2.87}$$

则有：

$$F_x = -\frac{K_s s}{1-s}\xi^2 - 6\mu F_z\cos\theta\left(\frac{1}{6} - \frac{1}{2}\xi_s^2 + \frac{1}{3}\xi_s^3\right) \tag{2.88}$$

$$F_y = -\frac{K_\beta \tan\beta}{1-s}\xi^2 - 6\mu F_z\sin\theta\left(\frac{1}{6} - \frac{1}{2}\xi_s^2 + \frac{1}{3}\xi_s^3\right) \tag{2.89}$$

若：

$$\xi_s = 1 - \frac{K_s}{3\mu F_z}\frac{\lambda}{1-s} < 0 \tag{2.90}$$

则有：

$$F_x = -\mu F_z\cos\theta \tag{2.91}$$

$$F_y = -\mu F_z\sin\theta \tag{2.92}$$

滑动力的方向角 θ 与滑移起始点的滑移方向近似相同。

$$\tan\theta = \frac{K_y\dfrac{\tan\beta}{1-s}x'}{K_x\dfrac{s}{1-s}x'} = \frac{K_\beta\tan\beta}{K_s s} \tag{2.93}$$

因此：

$$\cos\theta = \frac{s}{\lambda} \tag{2.94}$$

$$\sin\theta = \frac{K_\beta\tan\beta}{K_s\lambda} \tag{2.95}$$

即：

$$\begin{cases} K_s = 0 & s \to 0 & \text{且 } \beta = 0 \\ K_\beta = 0 & \beta \to 0 & \text{且 } s = 0 \end{cases} \tag{2.96}$$

此时，K_s 表示每单位纵向滑移率的总纵向力，K_β 表示每单位侧滑角的总横向力。F_z、滑移速度 V_s 和摩擦系数 μ 紧密相关，V_s 定义如下：

$$V_s = ((u - R_0\omega)^2 + (\mu^2 \tan^2\beta))^{\frac{1}{2}} = u(s^2 + \tan^2\beta)^{\frac{1}{2}} \tag{2.97}$$

因此可以推断出纵向滑动率、侧滑角、轮胎负荷和轮胎行进速度会影响轮胎的纵向和横向力。

在加速时，滑动率为：

$$s = \frac{u - R_0\omega}{R_0\omega} \tag{2.98}$$

因此，x 方向和 y 方向上的应力可以表示为

$$\sigma_x = -K_x sx' $$
$$\sigma_y = -K_y(1+s)\tan\beta x' \tag{2.99}$$

由于：

$$\sigma = (\sigma_x^2 + \sigma_y^2)^{\frac{1}{2}} \tag{2.100}$$

即：

$$\sigma = (K_x^2 s^2 + K_y^2(1+s)^2 \tan^2\beta x')^{\frac{1}{2}} \tag{2.101}$$

根据从胶着区域到滑移区域的滑移变化点的制动原理，可以得出：

$$\xi_s = 1 - \frac{K_s}{3\mu F_z}\lambda \tag{2.102}$$

式中，

$$\lambda = \left(s^2 + \left(\frac{K_\beta}{K_s}\right)^2 (1+s^2)\tan^2\beta\right)^{\frac{1}{2}} \tag{2.103}$$

此时有两种情况，即 $\xi_s > 0$ 和 $\xi_s < 0$。

如果 $\xi_s > 0$，则有：

$$F_x = -K_s s\xi_s^2 + 6\mu F_z\cos\theta\left(\frac{1}{6} - \frac{1}{2}\xi_s^2 + \frac{1}{3}\xi_s^3\right) \tag{2.104}$$

$$F_y = -K_\beta(1+s)\tan\beta\xi_s^2 - 6\mu F_z\sin\theta\left(\frac{1}{6} - \frac{1}{2}\xi_s^2 + \frac{1}{3}\xi_s^3\right) \tag{2.105}$$

如果 $\xi_s < 0$，则：

$$F_x = -\mu F_z\cos\theta $$
$$F_y = -\mu F_z\sin\theta \tag{2.106}$$

式中，

$$\tan\theta = \frac{K_y(1+s)\tan\beta x'}{K_x sx'} = \frac{K_\beta\tan\beta(1+s)}{K_s s} \tag{2.107}$$

$$\cos\theta = \frac{s}{\lambda} \tag{2.108}$$

$$\sin\theta = \frac{K_\beta\tan\beta(1+s)}{K_s\lambda} \tag{2.109}$$

滑移速度为：

$$V_s = u \left(\frac{s^2}{(1+s)^2} + \tan^2\beta \right)^{\frac{1}{2}} \tag{2.110}$$

综上所述，从理论分析来看，制动和加速会影响轮胎的转弯特性。

参 考 文 献

1. Ming, Q. (1997). *Sliding mode controller design for ABS system.* Master thesis, Poly Technic Institute and State University.
2. Jazar, R. N. (2013). *Vehicle dynamics: Theory and application.* Springer Science & Business Media.
3. Mooney, M. (1940). A theory of large elastic deformation. *Journal of Applied Physics, 11*(9), 582–592.
4. Rivlin, R. S. (1948). Large elastic deformations of isotropic materials. I. Fundamental concepts. *Philosophical Transactions of the Royal Society of London. Series A, Mathematical and Physical Sciences, 240*(822), 459–490.
5. Yeoh, O. H. (1993). Some forms of the strain energy function for rubber. *Rubber Chemistry and Technology, 66*(5), 754–771.
6. Ogden, R. W. (1997). *Non-linear elastic deformations.* Courier Dover Publications.
7. Wei, C. (2015). A finite element based approach to characterising flexible ring tire (FTire) model for extended range of operating conditions (Doctoral dissertation, University of Birmingham).
8. Dunn, J. W., & Olatunbosun, O. A. (1989). Linear and nonlinear modeling of vehicle rolling tyre low-frequency dynamic behavior. *Vehicle System Dynamics, 18*, 179–189.
9. Wei, C., & Yang, X. (2016). Static tire properties analysis and static parameters derivation to characterising tire model using experimental and numerical solutions. *Journal of Advances in Vehicle Engineering*, 2(1).
10. Hallonborg, U. (1996). Super ellipse as tyre-ground contact area. *Journal of Terramechanics, 33*(3), 125–132.
11. Keller, T. (2005). A model for the prediction of the contact area and the distribution of vertical stress below agricultural tyres from readily available tyre parameters. *Biosystems Engineering, 92*(1), 85–96.
12. Schjønning, P., Lamandé, M., Tøgersen, F. A., Arvidsson, J., & Keller, T. (2008). Modelling effects of tyre inflation pressure on the stress distribution near the soil–tyre interface. *Biosystems Engineering, 99*(1), 119–133.
13. Wang, X. (2003). *Finite element method.* Beijing, China: Tsinghua University Press.
14. Wong, J. Y. (2008). *Theory of ground vehicles* (4th ed., vol. xxxi, 560 p). Hoboken, N.J.: Wiley.
15. Pacejka, H. B., & Besselink, I. J. M. (1997). Magic formula tyre model with transient properties. *Vehicle System Dynamics, 27*, 234–249.
16. Bernard J. E., et al. (1977). Tire shear force generation during combined steering and braking maneuvers. SAE Paper 770852.
17. Abe, M. (2015). *Vehicle handling dynamics: Theory and application.* Butterworth-Heinemann.

第3章 越野车的性能

专业术语

F_f—前轮牵引力

F_R—后轮牵引力

R_f—前轮滚动阻力

R_r—后轮滚动阻力

F_d—牵引杆拉力

F_a—空气阻力

m_G—重心处的汽车总质量

a—汽车纵向加速度

θ，α—地面坡度

x_G，y_G，z_G—重心位置

W_f—前轮的车轮载荷

W_r—后轮的车轮载荷

W_{rr}—右后侧车轮的车轮载荷

W_{rl}—左后侧车轮的车轮载荷

Y_a—车辆后轮中心与重心 y_G 之间的距离

y—车辆后轮中心与牵引杆牵引点之间的距离

c—土壤黏聚力

φ—土壤内摩擦角

j—土壤剪切模量

k—剪切变形

τ—土壤剪切应力

p—压力

A—接触面积

W—宽度，车轮载荷

ρ—空气的质量密度

C_d—无量纲气动阻力系数

A_f—汽车前端面积

S_W—风速

K_c，K_φ—压力沉降方程的系数

n—沉降指数

b—较小的矩形接触面积

z—下沉量

p_i—轮胎的充气压力

p_c—轮胎刚度

d—车轮直径

γ—砂的体积密度

N_q—Terzaghi 承载力

δ—轮胎变形

h—轮胎断面高度

CI—圆锥指数

i—车轮打滑

c_n—车轮数

CRR—滚动阻力的系数

CMR—运动阻力的系数

μ—推力系数

T—推力

T_W—车轮转矩

r—车轮半径

B_n—基于 Brixius 模型的车轮数值

F_z—车轮上的动载荷

d_z—车轮的垂直位移

v—前进速度

k_{1z}，k_{2z}—轮胎系统的刚度

c_{1z}，c_{2z}—轮胎的阻尼参数

V_r—车轮中心的纵向速度

ω—车轮的角速度

S_1—驾驶状态下的纵向滑移

α—侧滑角

θ_0—固定中心角

θ_e—接近角

θ_r—离去角

θ—中心角

θ_N—径向应力最大的角度

R—刚性车轮半径

$\tau_{\max}$—剪切应力的极限值

j_x，j_y—x 方向和 y 方向上的剪切变形

τ_{ycp}—轮胎宽度方向上的横向剪切应力

$\sigma_{nr}(\theta)$—轮胎径向应力

DB—牵引杆拉力

β，ξ—无量纲变量

k_i—弹簧刚度

c_i—阻尼系数

I—质量惯性矩

v_y—横向速度

r—横摆角速度

M_z—外部偏航力矩

β_i—各自的侧滑

F_y—轮胎的横向力

C_α—轮胎的侧偏刚度

$d\beta$—前轴支点相对于后轴的角位移

b—轮胎宽度

$\vec{A}$—角动量

$\vec{M}$—外部力矩

I_{xx}，I_{yy}—相对于 x 和 y 的惯性矩

I_{xy}—惯性积

ω—滚动角速度

ω_p—俯仰角速度

ME—机械能

KE—动能

PE—势能

d_r—汽车的滚动轴线

d_p—汽车的俯仰轴线

γ—侧倾的初始角度

λ—后倾的初始角度

车辆性能指的是车辆的瞬态性能（例如加速、制动、转向）和一些稳态性能标准（例如传动系统的能量损失、总牵引力和净牵引力、车辆空气动力学）方面的运动科学，但评估公路车辆和越野车辆的指标是不同的。第一步是区分作用在越

野车辆上的力，图 3.1 展示了车辆在柔软的可变形的地面上行驶时的受力。

此时，沿纵向 x 轴的运动动力学方程可以写为

$$\sum F_x = m\bar{a} \tag{3.1}$$

则有：

$$F_f + F_R - R_r - R_f - F_a - F_d = m_G a \tag{3.2}$$

式中，F_r、F_R、R_f、R_r、F_d 和 F_a 分别是前轮牵引力、后轮牵引力、前轮滚动阻力、后轮滚动阻力、牵引杆拉力和空气阻力；m_G 和 a 分别代表重心处车辆的总质量和纵向加速度。值得注意的是，当车辆在陡峭路面上行驶时，应从牵引力中减去一项 $mg\sin\theta$（θ 表示地面的坡度），同样，全轮驱动与后轮驱动的 F_R 或 F_f 也会不同（图 3.2）。

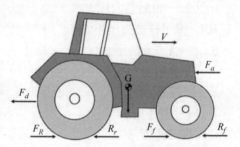

图 3.1　车辆在通过柔软可变形路面上时的受力图

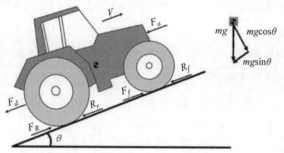

图 3.2　越野车在爬一个坡度为 θ 的斜坡时的受力

要想更好地了解越野车辆的动力学特性，必须仔细地从滚动阻力、牵引力、空气动力和牵引杆拉力等方面进行分析。

坐标系（x, y, z）中重心位置的确定是十分重要的，尤其是对于农用机械而言。为此，通常采用以下四个步骤：

1）用磅秤确定车辆的总重量（图 3.3）。

2）为了确定 x_G，必须知道前轮（或后轮）上的重量。

$$\sum M_O = 0$$

$$W_f \times C_l = mg \times x_G, \quad x_G = \frac{W_f}{mg} C_l \tag{3.3}$$

3）z_G 的确定过程如下所示（图 3.4）。

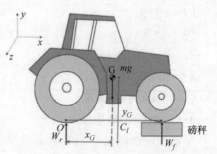

图 3.3　确定前后轮的重量和 x_G

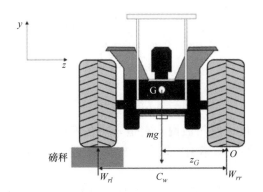

图 3.4　重心中横向位置 z_G 的确定

$$\sum M_O = 0$$

$$W_{rr} \times C_w = mg \times z_G, z_G = \frac{W_{rr}}{mg} C_w \qquad (3.4)$$

4）如果要计算 y_G，通常在倾斜的情况下测量前轮或后轮的重量（图3.5）。

$$(W_f' \times C_l \times \cos\alpha) + (mg \times \sin\alpha \times y_G) - (mg \times \cos\alpha \times x_G) = 0 \qquad (3.5)$$

$$y_G = \frac{mg \times x_G - W_f' \times C_l}{mg} \cot\alpha \qquad (3.6)$$

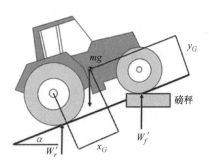

图 3.5　重心中垂直位置 y_G 的确定

本小节通过分析证明了在不稳定状况下限制目标车辆性能的因素（图3.6）。

在不稳定性的临界点，W_f' 等于零。根据施加在后轮中心的力矩可得：

$$M + (mg)\sin\alpha \cdot y_a = (mg)\cos\alpha \cdot x_G + F_d y \qquad (3.7)$$

则有：

$$W_r' = mg\cos\alpha \qquad (3.8)$$

$$F_R = mg\sin\alpha + F_d \qquad (3.9)$$

$$M = F_R \cdot r \qquad (3.10)$$

$$F_R = \psi' W_r' \qquad (3.11)$$

对方程（3.7）中的 M 和 F_R 进行代换，可得：

$$\psi(mg)\cos\alpha r = W\cos\alpha x_G + \psi(mg)\cos\alpha y - (mg)\sin\alpha y_a \qquad (3.12)$$

$$\sin\alpha(y + y_a) = \cos\alpha(x_G + \psi(y - r)) \qquad (3.13)$$

$$\tan\alpha(y + y_a) = x_G - \psi(y - r) \qquad (3.14)$$

$$\tan\alpha(r - y' + y_a) = x_G - \psi(r - y) \qquad (3.15)$$

$$\psi' = \frac{x_G - \tan\alpha(r - y' + y_a)}{y'} \qquad (3.16)$$

$$\psi' = \tan\alpha + \frac{x_G - \tan\alpha(r + y_a)}{y'} \qquad (3.17)$$

$$\psi' = \tan\alpha + \frac{\dfrac{x_G}{r+y_a} - \tan\alpha}{\dfrac{y'}{r+y_a}} \tag{3.18}$$

$$\frac{x_G}{r+y_a} = \tan\alpha_s \tag{3.19}$$

式中，α_s 代表静止条件，换句话说，它是车辆在静止状态下围绕接触点发生倾覆倾向时的角度，通常在没有牵引力拉力（F_d）的情况下是一个大于等于 40° 的值。

应当注意的是：

1）在所需要的 ψ' 的值比用方程（3.18）计算得出的 ψ' 值小的话，车辆不会发生倾覆。

2）在所需要的 ψ' 值与用方程（3.18）计算得出的 ψ' 值大致相等的话，车辆可能会发生倾覆。

3）在所需要的 ψ' 值大于用方程（3.18）计算得出的 ψ' 值的话，车辆将会发生倾覆。

在某些新状况下，可能会对驾驶安全性提出更高的要求，汽车的性能和上述方程可能会根据动力学条件而发生一些改变，例如在倾斜斜面上运动时，加速度可能会导致在重心处出现附加惯性力，从而使汽车倾覆，制动时也是如此。

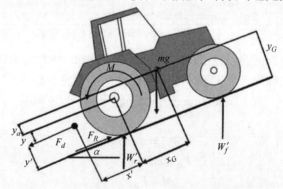

图 3.6   在不稳定状况下目标车辆性能的限制因素

3.1   影响越野车性能的参数

当车轮与土壤剖面产生相互作用时，会产生运动阻力（例如滚动阻力），但有一些运动产生的力会为车辆提供强劲的动力。通常驱动轮是负责提供用来克服滚动阻力的牵引力，并使车轮产生适当的运动，为了使轮胎旋转，需要施加一个转矩来克服运动阻力效应。轮胎与土壤的相互作用如图 3.7 所示。

由图 3.7 可知，车轮产生的净牵引力可以看作是总牵引力减去滚动阻力。总牵

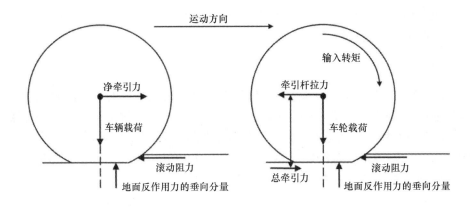

图 3.7 轮胎与土壤的相互作用示意图

引力是车轮剪切应力的直接函数，可以由 Janosi – Hanamoto 方程来描述：

$$\tau = (c + p\tan\varphi)(1 - e^{\frac{-j}{k}}) \quad (3.20)$$

式中，c 和 φ 分别是黏聚力和内部摩擦角；j 和 k 分别是土壤的剪切模量和剪切变形，如图 3.8 所示。

如果将 Janosi – Hanamoto 方程乘上接触面积，则可以得到最大牵引力，即总牵引力：

$$H = (Ac + W\cos\theta\tan\varphi)(1 - e^{\frac{-j}{k}})$$

$$(3.21)$$

值得注意的是，接触面积是待确定的复杂参数，因为它是不同参数的函数，例如轮胎的几何形状和刚度、轮胎的充气压力、车轮载荷和地形参数，最简单的假设是将接触区域视为矩形，而实际情况更可能为圆、椭圆和超椭圆。

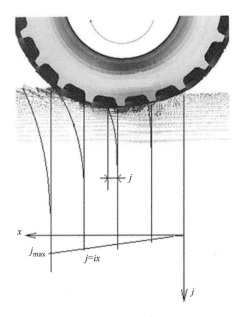

图 3.8 土壤的剪切模量和剪切变形

3.1.1 空气动力

研究空气动力的主要目的是为了减少风阻和噪声，同时避免车辆在高速行驶时产生不希望的空气升力和其他不稳定因素，对于某些类型的赛车，在高速行驶时产生一定的空气压力来提高牵引力和转向能力也是十分重要的。阻力系数（C_d）是评判汽车气动平稳性的指标，与车辆的形状有关，通过将 C_d 与车辆前部的面积相乘，可以得到总的阻力系数。此外，优化空气阻力可以减少燃油消耗，提高平顺性，并改善诸如稳定性、操纵性和驾驶安全性等的驾驶性能。

空气阻力可以表示如下：

$$F_a = \frac{\rho}{2} C_d A_f S_W^2 \tag{3.22}$$

式中，ρ 是空气的质量密度；C_d 是与车辆形状有关的无量纲的空气阻力系数；A_f 是车辆前部的面积；S_W 是风速，或者说它是汽车相对于风的速度。对于车速低于 50m/s 的越野车辆，空气阻力通常不是影响其性能的主要因素。图 3.9 显示了阻力系数为 1.17，车辆正面面积为 $6.5m^2$ 的重型车辆的空气阻力与风速（或者说车辆相对于风的速度）之间的关系。

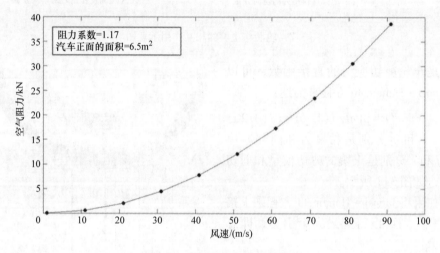

图 3.9　空气阻力与风速的关系

3.1.2　滚动阻力

通常，将车辆在运动过程中的阻力称为运动阻力。对于越野车来说，运动阻力主要来自三个因素：

1）障碍物阻力，出现在车轮与道路的不平处（例如树桩和岩石）发生碰撞时，障碍物阻力的大小取决于障碍物的几何形状，可以根据理论和经验来确定。

2）车轮系统的内部阻力，它取决于轮胎的特性。汽车轮胎在运动的过程中，能量的损耗主要是由于胎体挠曲所引起的轮胎材料滞后，而胎体挠曲对于车轮滚动的方向来说，相当于一个抵抗力（请参阅第 2 章）。

3）由车轮与地面的相互作用而产生的阻力。例如由于土壤剖面导致车轮下沉所产生的阻力。

滚动阻力是施加在车轮上的一个力矩，它与车轮的运动方向相反，而车轮要想前进，就需要有一个力来推动，故滚动阻力是一种当车轮在一个表面上滚动时，由于土壤或车轮变形所需要的能量而引起的力，因此它与车轮下方的土壤变形密切相关，且人们不希望它被施加在车轮上，在处于不受控制且没有合适装置的状况下，一般无法对滚动阻力进行量化。此外，在车轮滚动时，对滚动阻力的评估十分困难，因为运动期间的条件是可变的。

Bekkar 在 1956 年进行科学研究并建立了车轮与土壤之间的关系，根据他的方程 [方程 (3.23)]，滚动阻力的大小受很多参数的影响，可以表示为

$$R = \frac{3W^{\left(\frac{2n+2}{2n+1}\right)}}{(3-n)^{\left(\frac{2n+2}{2n+1}\right)}(n+1)(K_c + bK_\varphi)^{\left(\frac{1}{2n+1}\right)}d^{\left(\frac{n+1}{2n+1}\right)}} \tag{3.23}$$

式中，K_c 和 K_φ 是从下沉压力方程 [方程 (3.24)] 得出的：

$$P = \left(\frac{K_c}{b} + K_\varphi\right)Z^n \tag{3.24}$$

式中，W 是车辆的重量；n 是下沉指数；b 是矩形接触区域中较小的尺寸；Z 是下沉量；K_c 和 K_φ 是土壤的条件参数。将一定距离内车轮下方的土壤压实所需要的能量，等于抵抗这段运动的阻力乘以该距离。该抵抗力（即滚动阻力）可以通过下式进行计算 [公式 (3.25)]：

$$R = b_w \int_0^{Z_{max}} \left(\frac{K_c}{b} + K_\varphi\right)Z^n dZ \tag{3.25}$$

Bekkar 还提出了一种模型来预测汽车轮胎的运动阻力，其中轮胎的充气压力用 p_i 表示，轮胎刚度用 p_c 表示。

$$R_c = \frac{[b(p_i + p_c)]^{\frac{n+1}{n}}}{(n+1)(k_c + bk_\varphi)^{\frac{1}{n}}} \tag{3.26}$$

Wong 证明了上述方程在车轮直径大于 50cm，沉降量小于车轮直径的 15% 时，基于土壤变形来预测滚动阻力是有效的。

后来，Hetherington 和 Littleton 提出了一个简单的近似方程，根据几何形状、载荷和公认的土壤常数来计算滚动阻力。

提出的车轮在砂土上的滚动阻力模型如下：

$$R = \sqrt[3]{\frac{2W^4}{bd^2\gamma N_q}} \tag{3.27}$$

式中，R 是滚动阻力；W 是作用在车轮上的垂直载荷；b 是轮胎宽度；d 是车轮直径；γ 是砂土的体积密度；N_q 是 Terzaghi 承载力。

对车辙的特征进行分类和确定，并提出可以解释压力下沉和剪切应力特性的方程也是较为重要的。在此基础上，Rowland 提出了汽车轮胎的最大平均压力方程：

$$P = \frac{W}{b^{0.85}d^{1.5}}\sqrt{\frac{\delta}{h}} \tag{3.28}$$

式中，W 是车轮载荷；b 和 d 分别是轮胎的宽度和直径；δ 是轮胎的挠度；h 是轮胎截面的高度。

Rowland 还提出了迁移率和滚动阻力系数，如下所示：

$$N_R = \frac{CI \times b^{0.85} \times d^{0.15}}{W} \left(\frac{\delta}{h}\right)^{\frac{1}{2}} \tag{3.29}$$

$$CRR = 3N_R^{-2.7} \tag{3.30}$$

Uffelmann 对在浅层土壤下沉时使用的刚性车轮进行了评估，得出的结论是车轮下的压力为 $P = 5.7c$，下沉量可以表示为

$$Z = \frac{W^2}{(5.7c)^2 b^2 d} \tag{3.31}$$

因此，滚动阻力可以定义为

$$Rl = A\int P\mathrm{d}z$$

$$R = \frac{A}{l}\int_0^z 5.7c\mathrm{d}z \rightarrow R = b\left[\frac{W^2}{(5.7c)^2 b^2 d}\right](5.7c) = \frac{W^2}{5.7cbd} \tag{3.32}$$

式中，c 和 l 分别是土壤黏聚力和接触长度。

Gee – Clough 基于土壤的径向和切向应力，让 Bekkar 方程乘以一项 $(i+1)^{\frac{-n}{2n+1}}$ 得到了刚性车轮的半经验模型，式中的 i 表示车轮的刚度。

同样基于车轮数值 c_n，Wismer 和 Luth 提出了一个可以预测滚动阻力系数的方程，如下所示：

$$CRR = \left(\frac{1.2}{c_n}\right) + 0.04, c_n = \frac{CI \cdot b \cdot d}{W} \tag{3.33}$$

式中，CI 表示以 kPa 为单位的圆锥指数。

因此，滚动阻力可以表示为滚动阻力系数乘以车轮载荷，即：

$$RR = \frac{1.2 \times W^2}{CI \cdot b \cdot d} + 0.04W \tag{3.34}$$

式中，W 是垂直载荷（kN）；CI 是圆锥指数（kPa）；b 是轮胎宽度（m）；d 是车轮直径（m）。

图 3.10 用 Wismer – Luth 模型演示了垂直载荷与滚动阻力之间的关系，其中 CI 为 700kPa，b 为 0.2m，d 为 0.7m。图 3.11 中显示出了滚动阻力相对于圆锥指数和车轮直径的变化。

Taghavifar 和 Mardani 提出了包含被测变量的多元回归方法，并根据试验结果对该方法进行了评估，证明了这种方法可以以相对较高的相关性和合理性准确地对滚动阻力（RR）进行预测。

$$BR = 10W^2 + 3.2W - 0.37P - 25V + 103.56 \tag{3.35}$$

式中，W 是垂直载荷（kN）；P 是轮胎的充气压力（kPa）；V 是速度（m/s）。

基于已经开发出来的模型，可以认为在某一个特定的范围内忽略掉速度对于滚动阻力的影响，影响滚动阻力的因素主要是车轮的载荷和轮胎的充气压力。

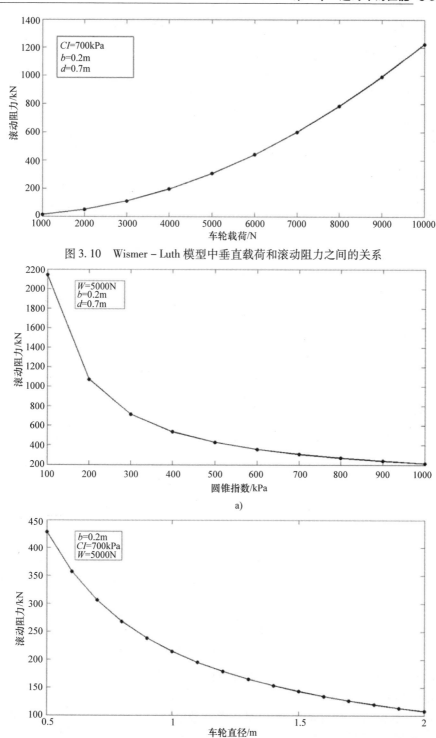

图 3.10 Wismer – Luth 模型中垂直载荷和滚动阻力之间的关系

图 3.11 滚动阻力相对于圆锥指数（a）和车轮直径（b）的变化

图 3.12 在滚动阻力与接触面积之间建立了联系，值得注意的是，在一定的载荷下，土壤的体积剖面变形会直接影响到滚动阻力，因此，接触面积的大小对滚动阻力有着很大的影响。

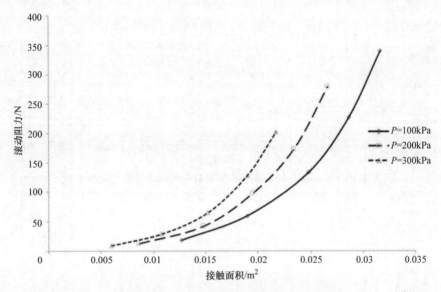

图 3.12　滚动阻力和接触面积之间的关系

　　Freitag 建立了一个根据尺寸来对充气轮胎的滚动阻力进行评估的模型，并提出了以下两个无量纲迁移率数值：

$$Clay\ moblity\ number = \frac{CIbd}{W}\left(\frac{\delta}{h}\right)^{\frac{1}{2}}$$

$$Sand\ moblity\ number = G(bd)^{\frac{3}{2}}\left(\frac{\delta}{h}\right)$$

(3.36)

　　通过上述方式，Freitag 应用圆锥指数（CI）和圆锥指数梯度（G）来鉴别土壤，以及车轮的载荷参数（W）、宽度（b）、直径（d）、截面高度（h）和挠度（δ）来表征车轮。Turnage 提出了一个新的模型，并对 Freitag 的模型做了如下修改：

$$RR = \frac{CIbd}{W}\left(\frac{\delta}{h}\right)^{\frac{1}{2}}\left(\frac{1}{1+\frac{b}{2d}}\right)$$

(3.37)

　　根据 Freitag 模型，可以得到滚动阻力相对于轮胎挠度和截面高度的变化趋势如图 3.13 所示。

　　Dwyer 等人和 Gee‐Clough 等人对迁移率数值进行了验证，并根据试验的结果提出了滚动阻力系数的模型：

$$CRR = \frac{0.287}{M} + 0.049 \tag{3.38}$$

式中，M 表示 Turnage 提出的迁移率数值。McAllister 提出了基于迁移率数值的方程，用于预测轮胎结构对滚动阻力系数的影响：

$$斜交胎: CRR = \frac{0.323}{M} + 0.054$$
$$\tag{3.39}$$
$$子午线轮胎: CRR = \frac{0.321}{M} + 0.037$$

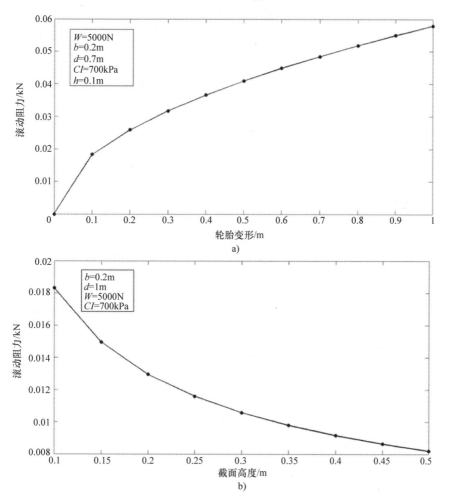

图 3.13　滚动阻力相对于轮胎挠度（a）和轮胎截面高度（b）的变化趋势

Gee – Clough 和 Sommer 随后提出了用四种类型的迁移率数值取代土壤圆锥指数来鉴别土壤力学性质的模型，迁移率数值有两种形式，土壤黏聚力（c）和土壤内部摩擦角（φ）。

$$M_1 = \frac{cbd}{W}\left(\frac{\delta}{h}\right)^{\frac{1}{2}}\left(\frac{1}{1+\dfrac{b}{2d}}\right)$$

$$M_2 = B_n = \frac{CIbd}{W}\left(\frac{\delta}{h}\right)^{\frac{1}{2}}\left(\frac{1+\dfrac{5}{H}}{1+\dfrac{3b}{d}}\right)$$

$$M_3 = \frac{CIbd}{W}\left(\frac{\delta}{h}\right)^{\frac{1}{2}}\left(\frac{1}{1+\dfrac{b}{2d}}\right)$$ (3.40)

$$M_4 = \frac{CIbd}{W}\left(\frac{\delta}{h}\right)^{\frac{1}{2}}\left(\frac{1}{1+\dfrac{b}{2d}}\right)\varphi^n$$

3.1.3 总推力

推力是土壤和地形相互作用的结果，是由土壤剖面产生，以抵抗阻碍汽车运动的力，也被叫作总牵引力，可以表示如下：

$$T = \mu W = \mu\frac{T_w}{rW}$$ (3.41)

式中，μ、T、T_w、r 和 W 分别是推力系数、推力（kN）、车轮转矩（N·m）、车轮半径（m）和车轮载荷（kN）。目前已经根据基于车轮数值参数的 WES 方法提出了多种半经验方法，以此来得到推力系数模型。

以下是四种用半经验方法来确定在农田上行驶的农用机械和在草原上行驶的军用机械的推力系数的常用模型。

$$Wismer-Luth:\mu = 0.75(1-e^{-0.3 \cdot c_n \cdot s})$$

$$Dwyer:\mu = \left(0.796 - \frac{0.92}{N_{CI}}\right)(1-e^{-(4.83+0.06N_{CI})s})$$

(3.42)

$$Brixius:\mu = 0.88(1-e^{-0.1B_n})(1-e^{-0.75s})+0.04$$

$$McLaurin:\mu = 0.817 - \frac{3.2}{N_{CI}+1.91}+\frac{0.453}{N_{CI}}$$

式中，c_n 是基于 Wismer – Luth 模型 $\left(c_n = \dfrac{CIbd}{W}\right)$ 的车轮数值；B_n 是基于 Brixius

模型 $\left(B_n = \dfrac{CIbd}{W}\left(\dfrac{\delta}{h}\right)^{\frac{1}{2}}\left(\dfrac{1+\dfrac{5}{h}}{1+\dfrac{3b}{a}}\right)\right)$ 的车轮数值；N_{CI} 可以通过 McLaurin 模型

$\left[\dfrac{CIbd}{W}\left(\dfrac{\delta}{h}\right)^{\frac{1}{2}}\left(\dfrac{1}{1+\dfrac{b}{2d}}\right)\right]$ 来进行计算。

3.1.4　车轮动载荷

早先开发的大多数经验模型和半经验模型都是基于车轮上的载荷为静态载荷这个假设而建立的，很显然，在实际应用中，车轮在崎岖不平的路面上行驶时受到的载荷为动态载荷，如果所建立的模型中还考虑了行驶速度，则车辆运动动力学的不确定性就会更大。

施加在车轮上的动载荷可能来自于垂向惯性参数，该参数是由于运动的垂直加速度而产生的，动载荷是一个关于前进速度、轮胎刚度和接触平面参数的函数。

$$F_z = k_{1z} d_z^{k_{2z}} + c_{1z} d_z \frac{1}{v^{c_{2z}}} \dot{d}_z \tag{3.43}$$

式中，F_z 是车轮上的动载荷；d_z 是车轮的垂直位移；v 是前进速度；k_{1z} 和 k_{2z} 是轮胎系统的刚度；c_{1z} 和 c_{2z} 是轮胎的阻尼参数。纵向力可以用类似的动态模型表示如下：

$$F_x = k_{1x} d_x^{k_{2x}} + c_{1x} d_x \frac{1}{v^{c_{2x}}} \dot{d}_x \tag{3.44}$$

式中的参数与车轮上法向动态载荷模型中的参数是相同的，只不过方向为纵向。

3.2　可变形路面上的车辆动力学

可变形路面上的车辆动力学与土壤 – 车轮相互作用的性质有着密切关联，因此，必须明确车轮 – 路面规范，以建立相应的模型来研究在可变形路面上行驶的车辆的性能。车辆地面力学的复杂性在于表面变形，而铺装道路由于其表面变形量为零，故忽略了表面变形所引起的复杂性。

以下是基于轮胎与地面相互作用的四种策略：

1）可变形的地面（软的土壤）与柔性轮胎。

2）硬质表面（压实的土壤）与柔性轮胎。

3）可变形的地面（软的土壤）与刚性轮胎（过度充气的轮胎或者金属圆盘）。

4）硬质表面（压实的土壤）与刚性轮胎（过度充气的轮胎或者金属圆盘）。

对硬质表面上任何问题的研究都可以通过应用路面上的车辆动力学来解决，因为硬质表面问题是路面变形的简化问题，它忽略了地面的沉降，因此，本书将着重于研究柔性轮胎和刚性轮胎与软地面之间的相互作用。

刚性轮胎和柔软土壤之间的相互作用一直是动力学领域的研究热点，有时候用一个刚性的轮子来表示轮胎可能会更好，因为刚性轮具有不可变形的结构（例如过度充气的轮胎），特别是当轮胎在柔软地形上行驶时，与轮胎的变形相比，地面的变形更为显著。图 3.14 是刚性车轮和可变形土壤之间各种变量的相互关系。

$$j_0 = R\left[(\theta_0 - \theta) - (\sin\theta_0 - \sin\theta) \right] \tag{3.45}$$

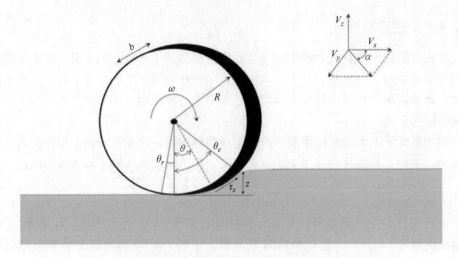

图 3.14　刚性车轮和可变形土壤之间各种变量的相互关系

作用在车轮上的垂直支撑力可以通过垂向压力来进行计算：

$$w_0 = Rb\left(\int_{-\theta}^{\theta} \sigma_n(\theta)\cos\delta\cos\theta + \tau_{\max}(1 - e^{-j_0/K_x})\sin\theta\sin\theta d\theta \right) \tag{3.46}$$

其中：

$$\delta = \tan^{-1}\left(\frac{\tau_{\max}\left(1 - e^{\frac{-j_0}{K_x}}\right)}{\sigma_n(\theta)} \right) \tag{3.47}$$

剪切位移和剪切应力与车轮角度的关系如图 3.15 所示。

值得注意的是，剪切应力的测量表明，从轮胎的边缘与地面之间开始接触到土壤剖面出现剪切破坏为止，剪切应力的值是逐渐增大的。

$$S_l = \frac{V_t - V_r}{V_t} = \frac{R\omega - V_r}{R\omega} = 1 - \frac{V_r}{R\omega} \tag{3.48}$$

式中，V_r 是轮心的纵向速度；ω 是车轮的角速度；S_l 是驾驶时的纵向滑移。

从式（3.48）中可以看出，在出现以下两种情况时车轮会发生无限滑移，一个是当车轮被锁住时 ω 为零，另一种情况是 V_r（也就是 V_x）为零，没有向前的运动（即整个运动都变成了滑移）（图 3.16）。

土壤剖面变形是导致车轮打滑的一个重要因素，它显著地降低了汽车的性能。车轮下方土壤剖面的剪切位移与剪切应力有关，车轮和车轮所行驶的地形表面之间的相对运动产生了运动中车轮的纵向滑移比，可以确定为：

轮胎的侧向滑移是指车轮的侧向运动，通常在车辆转弯时，当轮胎的侧向力大于其摩擦阻力时发生滑移。侧滑角可由下式进行计算：

$$\alpha = \arctan\left(\frac{V_y}{|V_x|} \right) \tag{3.49}$$

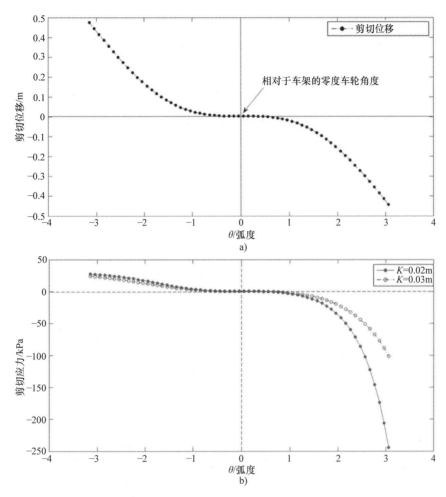

图 3.15　剪切位移和剪切应力与车轮角度的关系

纵向滑移速度如下：

$$V_y = V_x \tan\alpha \tag{3.50}$$

Wong 表示，可以利用车轮在接触面上的速度来计算车轮在任意角度 θ 下的土壤剪切位移，需要注意的是车轮在接触面上的速度 V_{int} 与行驶方向上的速度（即 V_x）是有区别的，区别如下：

$$V_{\text{int}} = R\omega - V_x \cos\theta = R\omega \left[1 - (1 - S_l) \cos\theta \right] \tag{3.51}$$

车轮下方剪切应力的计算使用的是由 Janosi 和 Hanamoto 首次提出并被广泛使用的经验表达式：

$$\tau_x(\theta) = \tau_{max}(1 - e^{-\frac{j}{k}}) \tag{3.52}$$

式中，τ_{max} 是剪切应力的极限值，可以通过 Mohr - Coulomb 方程和法向应力来计算：

$$\tau_{max} = c + \sigma_n \tan\varphi \tag{3.53}$$

式中，c 是土壤黏聚力；φ 是剪切阻力角或内摩擦角。

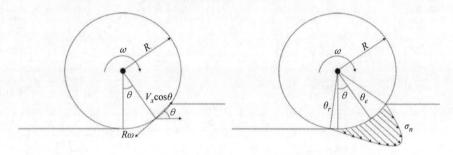

图 3.16 从车轮角度开始到结束的法向应力分布

可以通过对与车轮接触的地面的剪切速度进行积分来计算剪切位移 j_x：

$$j_{x(\theta)} = \int_0^{\theta_e} R[1 - (1 - S_l)\cos\theta]\mathrm{d}\theta = r(\theta_e - \theta - (1 - S_l)(\sin\theta_e - \sin\theta)) \tag{3.54}$$

接触面的土壤剪切位移量是一个正值，并从进入角时的零值逐渐增长到后角时的峰值。从式（3.54）可以看出，土壤的剪切位移随着滑移的增加而增加，此外，滑移速度在进入角时最大，逐渐地减小，在车轮底部的中心处下降到最小，然后再增加到 θ_r。

如果想要计算侧向剪切位移，可以用与计算侧向土壤剪切位移相似的方法，通过准静态法对剪切速率进行积分，来确定相应的横向土壤剪切变形：

$$j_y = \int_0^t V_y\mathrm{d}t = \int_\theta^{\theta_e} V_x \tan\alpha \mathrm{d}t$$

$$= \tan\alpha \int_\theta^{\theta_e} \frac{V_x}{\omega}\mathrm{d}\theta = R(1 - S_l)(\theta_e - \theta)\tan\alpha \tag{3.55}$$

结合 Janosi - Hanamoto 方程和等式（3.55），可以得到接触面横向剪应力的表达式如下：

$$\tau_{ycp} = (c + \sigma_n \tan\varphi)(1 - e^{-\frac{j_y}{k_y}}) \tag{3.56}$$

　　然后通过对整个接触区域上的剪切应力进行积分，来计算车轮底部的横向剪应力所产生的作用在车轮上的力，如等式（3.56）所示，假设在整个过程中接触区域的宽度保持不变。

　　从等式（3.56）可以得出，接触区域上从进入角开始到后角，剪应力随着土壤纵向剪切位移的增加而线性地增加。整体剪切变形的大小可以通过下式进行计算：

$$j = \sqrt{j_x^2 + j_y^2} \tag{3.57}$$

　　地面变形遵循压力沉降原理，研究的是地面的承载能力，承载力理论来源于可塑性理论，为车辆机动性的发展奠定了基础，垂向负载通过驱动轮作用在地面上导致了地面下沉。计算出土壤表面和车轮上的径向应力，进而得到车轮的作用力和动力学特性，第一步，利用半经验方法对接触平面上的应力分布进行预测，在旋转的轮胎和土壤表面之间的接触面上会产生正应力和剪应力，根据 Wong 的理论，垂向应力的分布为，在接触区域的开始处为零，并在进入角和退出角之间的某个位置达到最大值，如图 3.16 所示。在此基础上，刚性车轮下径向应力分布的最大值点并不是在车轮中心的正下方，而更可能出现在车轮的前侧，并随着滑移的增加而进一步向车轮前侧移动。Bekker 的方法假定车轮比土壤坚硬得多，因此车轮不会变形，而是会陷入土壤中，他通过对车轮 - 土壤界面的正应力和剪应力进行积分来确定作用在车轮上的力，垂向应力、切向应力和侧向应力沿着车轮界面分布，其中垂向应力可以用 Bekker 提出的压力沉降方程计算得出。

$$p = \left(\frac{k_c}{b} + k_\varphi \right) z^n \tag{3.58}$$

　　当沉降量较小时，式中的 b 表示受载区域中较小的尺寸，通常是矩形接触区域的接触宽度，接触长度可以在方程中进行假设，变形参数 k_c 和 k_φ 是常数，通常是通过沉降板试验得出。值得注意的是，使用长宽比大的矩形板和使用半径等于矩形板宽度的圆形板进行压力沉降参数试验，得到的结果几乎是一样的，因此圆形板是一个更好的选择，因为在相同的接触压力下，圆形板得到压力沉降参数所需要的载荷更低。

　　但是这个方程有两个缺点，即不能给出一个统一的方程来说明不同形状的平板，而且也没有考虑到土壤的体积密度，因此人们提出了 Bekker 压力 - 沉降方程的改进版本，也叫 Bekker - Reece 方程，如下所示：

$$\sigma_n = (ck_c' + b\gamma_s k_\varphi') \left(\frac{z}{b} \right)^n \tag{3.59}$$

参数 k'_c 和 k'_φ 以及指数 n 是通过碳酸氢盐测量器和贯入仪获得的，是上述方程的重要指标，因为它们代表了关系的趋势，指数通常在 0.8 到 1.2 之间且接近于 1，土壤凝聚力的值通过单轴和三轴压缩试验获得。Bekker – Reece 方程的另一个优点是与 Bekker 的压力 – 下沉方程的参数相比，Bekker – Reece 方程的参数是无量纲的（因为方程中有 z/b 项），并且与指数的单位无关。

$$\sigma_{nf}(\theta) = (ck_1 + b\gamma_s k_2)\left(\frac{R(\cos\theta - \cos\theta_e)}{b}\right)^n \tag{3.60}$$

对于最大径向应力所在的 θ_N 处和后接触区域之间的区域来说，轮胎的径向应力可以被表示为

$$\sigma_{nf}(\theta) = (ck_1 + b\gamma_s k_2)\left(\frac{R}{b}\right)^n\left\{\cos\left[\theta_e - \left(\frac{\theta - \theta_r}{\theta_N - \theta_r}\right)(\theta_e - \theta_N)\right]\right\}^n \tag{3.61}$$

用车辆地面力学的术语来说，牵引杆拉力、垂直力和转矩都是非常重要的、需要被计算出来的量，可以对径向应力和切向应力在整个接触面上进行积分，并沿着纵向和垂直方向投影到车轮上，因此，土壤与车轮相互作用的产物即牵引杆拉力、垂直力和转矩可以被表示为

$$DP = Rb\left(\int_{-\theta_r}^{\theta_e} \tau_x(\theta)\cos\theta d\theta - \int_{-\theta_r}^{\theta_e} \sigma_n(\theta)\sin\theta d\theta\right) \tag{3.62}$$

在牵引杆拉力方程中，第一项是剪切推力，第二项是抗压强度。

$$W = Rb = \left(\int_{-\theta_r}^{\theta_e} \sigma_x(\theta)\cos\theta d\theta + \int_{-\theta_r}^{\theta_e} \tau_n(\theta)\sin\theta d\theta\right)$$

$$\tag{3.63}$$

$$T = R^2 b \int_{-\theta_r}^{\theta_e} \tau_x(\theta) d\theta$$

式中，b 是接触宽度；τ_x 和 σ 分别是剪应力和正应力。

由于方程中要求车轮的半径是恒定值，因此这些方程仅仅适用于刚性车轮，而事实上应力场是不均匀分布的，但剪应力作为正应力的函数却是呈线性分布的，这是个众所周知的理论，此外，由于对径向应力和切向应力的估算非常复杂，因此上式中的积分均需要通过数值积分方法进行计算。

对应力分布进行积分得到作用在车轮上的力和转矩。假定一个圆柱表面，则力和转矩可以被表示为

$$F_x = rb \int_{\theta_r}^{\theta_f} (\tau_t(\theta)\cos\theta - \sigma(\theta)\sin\theta) \, d\theta$$

$$F_y = -rb \int_{\theta_r}^{\theta_f} (\tau_l(\theta)) \, d\theta$$

$$F_z = rb \int_{\theta_r}^{\theta_f} (\sigma(\theta)\cos\theta + \tau_t(\theta)\sin\theta) \, d\theta$$

$$M_x = -r^2 b \int_{\theta_r}^{\theta_f} \tau_l(\theta)\cos\theta \, d\theta$$ (3.64)

$$M_y = -r^2 b \int_{\theta_r}^{\theta_f} \tau_t(\theta) \, d\theta$$

$$M_z = -r^2 b \int_{\theta_r}^{\theta_f} \tau_l(\theta)\sin\theta \, d\theta$$

在越野地形中，作用在车轮上的侧向力可以被分解成两部分。第一部分是接触平面上侧向平均剪力所引起的剪应力，第二部分是作用在嵌入式车轮侧面的推土效应。

Chan 提出的轮胎变形和土壤沉降法可以更好地描述轮胎与地形的柔性相互作用，接触面的几何形状是限制轮胎变形的一个重要因素，并且在一定程度上受到车轮法向载荷的影响。在给定车轮角度时，车轮载荷作用下变形和未变形的车轮半径如图 3.17 所示。

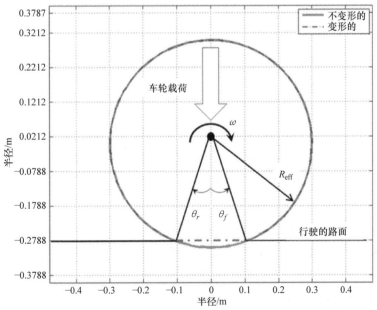

图 3.17　在给定车轮角度的情况下，车轮载荷作用下的变形和未变形车轮半径

　　显然，其接触面的长度和宽度以及轮胎的变形取决于各种轮胎参数，例如，所施加的垂向载荷、轮胎刚度和轮胎结构，在此模型中，假设这些参数均是恒定值，并对纵向接触应力、横向接触应力和垂向接触应力建立综合数学模型，在这种情况下，推导出 θ 在进入角和退出角之间这个范围内土壤沉降与轮胎变形之间的函数关系如下：

$$z = 1 - \frac{1 - \dfrac{\delta}{R}}{\cos\theta} \tag{3.65}$$

因此，可以得到 θ 关于 z 的导数：

$$\frac{\mathrm{d}z}{\mathrm{d}\theta} = - \frac{\left(1 - \dfrac{\delta}{R}\right)\sin\theta}{\cos^2\theta} \tag{3.66}$$

通过替换式（3.66）中的进入角和前角，可以得到式（3.67）：

$$z'(\theta_f) = -\beta(\sqrt{1 + \zeta^2} + \zeta)z(\theta_f)$$

$$\Rightarrow - \frac{\left(1 - \dfrac{\delta}{R}\right)\sin\theta}{\cos^2\theta} + \beta(\sqrt{1 + \zeta^2} + \zeta)\left(1 - \frac{1 - \dfrac{\delta}{R}}{\cos\theta}\right) = 0 \tag{3.67}$$

如果将退出角也替换掉，则有：

$$z'(\theta_b) = \beta(\sqrt{1 + \zeta^2} - \zeta)z(\theta_b)$$

$$\Rightarrow - \frac{\left(1 - \dfrac{\delta}{R}\right)\sin\theta_b}{\cos^2\theta_b} - \beta(\sqrt{1 + \zeta^2} - \zeta)\left(1 - \frac{\dfrac{\delta}{R}}{\cos\theta_b}\right) = 0 \tag{3.68}$$

其中：

$$\zeta = \frac{Rc\omega}{2\sqrt{kT}} \tag{3.69}$$

$$\beta = R\sqrt{\frac{k}{T}} \tag{3.70}$$

　　在速度为零的情况下，对称地考虑方程式，其中 ζ 项为零，基于此，在不同的 θ 范围内轮胎的半径可以被表示为：

$$R_{\text{eff}}(\theta) = \begin{cases} \left(\dfrac{1 - \delta}{\cos\theta}\right) & \theta_b < \theta \leqslant \theta_f \\[3mm] \left(\dfrac{1 - \delta}{\cos\theta_f}\right)\mathrm{e}^{-\beta(-1 + \zeta^2 + \zeta)(\theta - \theta_f)} & \theta_f < \theta \leqslant \pi \\[3mm] \left(\dfrac{1 - \delta}{\cos(2\pi + \theta_b)}\right)\mathrm{e}^{\beta(\sqrt{1 + \zeta^2} + \zeta)(\theta - (2\pi + \theta_b))} & \pi < \theta \leqslant 2\pi + \theta_b \end{cases} \tag{3.71}$$

接触区域的长度也可以通过式（3.72）进行计算：

$$l_p = (R - \delta)\tan(|\theta_b|) + (R - \delta)\tan(\theta_f) \tag{3.72}$$

值得注意的是，上面所提出的接触长度方程是一种简化的通用方程，用于描述静载荷作用下接触参数和轮胎的径向挠度。但是，径向挠度可能会由于动载荷和轮胎在行进过程中的滚动而发生变化，且行驶速度以及轮胎的打滑都会影响接触区域的长度。

可以得出与刚性车轮具有类似趋势的柔性轮胎的空载土壤高度 u_{ot} 和下沉量 z_{ot}：

$$z_{ot} = R_{\text{eff}}(\theta)(\cos\theta_f - \cos\theta_e)$$
$$u_{ot} = R_{\text{eff}}(\theta)(\cos\theta_b - \cos\theta_r) \tag{3.73}$$

所建立的方程中还应包括纵向力和横向力，但首先要确定车轮的静态载荷。基于柔性轮胎的几何变形，可建立出如下的垂直加载模型：

$$w_0 = b\Big(\int_{-\theta_0}^{\theta_0} R_{\text{eff}}(\theta)\sigma_n(\theta)\cos\delta\cos\theta\,\mathrm{d}\theta + R_{\text{eff}}(\theta)\tau(\theta)\sin\delta\sin\theta\,\mathrm{d}\theta\Big) \tag{3.74}$$

3.2.1 柔性轮胎的纵向滑移和剪切位移

为了表征纵向力，必须正确识别剪切位移和纵向滑移，而剪切变形模型的研究是以接触面形状的确定为前提的。通过对剪切速度积分，可以得到任意角度 θ 处土壤的剪切变形；通过对轮胎与地面接触的整个区域上的界面速度进行积分，可以计算出剪切位移。

$$j_x(\theta) = \int_{\theta}^{\theta_e} R_{\text{eff}}(\theta)\big[1 - (1 - S_l)\cos\theta\big]\mathrm{d}\theta \tag{3.75}$$

3.2.2 柔性轮胎的应力和力

假设在沉降过程中轮胎的宽度保持不变，可以近似地估算出牵引杆拉力和车轮载荷等牵引参数，再根据前后滑移线的交点来确定出施加在车轮上最大径向力的位置，但是首先需要确定 Chan 提出的应力。

$$\sigma_n(\theta) = \begin{cases} (ck_1 + \gamma_s bk_2)\Big(\dfrac{R(\theta_e)}{b}\Big)^n (\cos\theta - \cos\theta_e)^n & \theta_N < \theta \leqslant \theta_e \\[3mm] (ck_1 + \gamma_s bk_2)\Big(\dfrac{R(\theta_e)}{b}\Big)^n \left\{\cos\Big[\theta_e - \Big(\dfrac{\theta - \theta_r}{\theta_N - \theta_r}\Big)(\theta_e - \theta_N)\Big] - \cos\theta_e\right\}^n & -\theta_r \leqslant \theta \leqslant \theta_N \end{cases}$$

$$\tag{3.76}$$

刚性车轮和柔性车轮非常容易沿着接触区域形成不同的径向（垂向）应力，此外，轮胎的结构和轮胎变形量的限制会极大地影响车轮施加在土壤剖面上的正应力范围，获得最大径向应力值的一种简化方法是将轮胎放置在刚性表面上，并对接触应力进行量化，此时，接触应力与接触压力相等。值得注意的是，胎体的刚度和轮胎的充气压力会影响到总的接触压力，并且在接触压力和轮胎充气压力之间存在着一个线性关系。极限压力必须与轮胎变形段的刚度相等，可以表示如下：

$$q_{\text{limit}} = kb = \frac{b\beta}{2R^2}(\alpha p_i + c) \tag{3.77}$$

式中，c 是加载点的刚度；p_i 是轮胎的充气压力；α 是加载点刚度相对于轮胎充气压力的变化率。

随着车轮载荷的增加，轮胎的正应力也会增加，轮胎的胎面变形和正应力取决于它的刚度特性，考虑到最大的变形总是发生在轮胎垂向应力的最大处，因此对车轮与地面接触面上的最大应力进行量化，故作用在轮胎上的垂向（径向）应力可以被表示如下：

$$\sigma_n(\theta) = \min(\sigma_n(\theta), q_{\text{limit}}) \tag{3.78}$$

再考虑到变形时的半径，则轮胎的纵向应力可以用下式来表达：

$$\tau_x = (c + \sigma_n(\theta)\tan\varphi)\left\{1 - e^{-\left(\frac{\int_{\theta}^{\theta_e} R(\theta)[1-(1-s_d)\cos\theta]d\theta}{K_x}\right)}\right\} \tag{3.79}$$

对轮胎和地面的接触面上的应力进行积分，可以得到车轮的垂向载荷，如果轮胎与地面的接触宽度保持不变，则车轮进入角与退出角之间作用在车轮上载荷的迭代过程如下式所示：

$$W = b\left(\int_{-\theta_r}^{\theta_e} R(\theta)\sigma_n(\theta)\cos\theta d\theta + \int_{-\theta_r}^{\theta_e} R(\theta)\tau(\theta)\sin\theta d\theta\right) \tag{3.80}$$

在确定了车轮的载荷参数之后，就可以开始计算纵向力了，将车轮与地面接触区域上的垂向和纵向应力进行积分，根据准静态平衡条件就可以得到纵向力。通过这种方法计算出的纵向力可以表示类似的基于牵引杆的刚性车轮牵引杆拉力参数。

$$F_x = DP = b\left(\int_{-\theta_r}^{\theta_e} R(\theta)(\tau_x(\theta)\cos\theta - \sigma_n(\theta)\sin\theta)d\theta\right) \tag{3.81}$$

3.2.3 柔性轮胎的横向力

在轮胎－地面相互作用模型中得到的剪切力取决于轮胎刚度随滑移角的变化，而在公路行驶模式下，预测轮胎刚度的时候，它会随着非零滑移角的减小而减小，因此轮胎的有效变形会随着滑移角的增加而减小。

横向的剪切位移为计算施加在车轮上的横向力建立了基础，且可以通过从车轮角度对车轮的横向速度进行积分而得到：

$$j_y = \int V_y dt = \int V_x \tan\alpha dt = \tan\alpha \int_{\theta}^{\theta_e} \frac{V_x}{\omega}d\theta = R_{\text{eff}}(\theta)(1 - S_l)(\theta_e - \theta)\tan\alpha$$

$$\tag{3.82}$$

在确定了车轮的横向剪切位移后，作用在车轮上的剪应力定义如下：

$$\tau_{ycp} = (c + \sigma_n \tan\varphi)\left(1 - e^{\frac{-j_y}{k}}\right) \tag{3.83}$$

假定接触宽度保持不变，在接触区域上对剪应力进行积分，得到横向力如下：

$$F_{ycp} = b \int_{-\theta_r}^{\theta_e} R_{eff}(\theta)(c + \sigma_n \tan\varphi)\left(1 - e^{\frac{-j_y}{k}}\right) d\theta \tag{3.84}$$

3.3　平顺性

平顺性是指车辆对运行条件的振动响应，与车辆系统的固有频率、道路轮廓和系统特性等参数密切相关。我们可以用质量－弹簧－阻尼元件来表示机械系统中的一个基本的振动模型（图 3.18），而根据问题的类型，质量既可以受力（强迫振动）也可以不受力（自由振动）的影响。

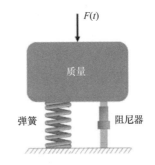

图 3.18　机械系统中的基本振动模型可以用质量－弹簧－阻尼元件来表示

通常可以根据系统特征和问题状况来选择自由度的数目，一个物体在坐标系中可以用六个自由度来表示，横向、纵向和垂向以及绕着三个坐标轴的旋转方向（即偏航、俯仰和横摆），由于车辆系统的限制，常常忽略纵向、横向和偏航方向上的振动。假设车辆的底盘安装在四个车轮上，则经典的越野车可以用七自由度系统来表示，如图 3.19 所示。

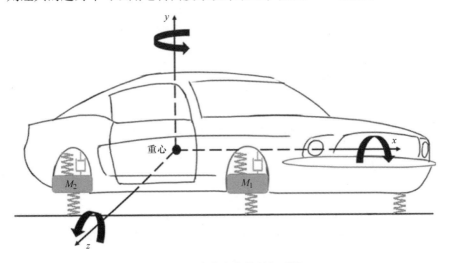

图 3.19　汽车和它的悬架系统

3.3.1　四分之一车辆模型

描述车辆悬架系统最典型、最实用的模型就是四分之一车辆模型，假定 $y_2 > y_1$，绘制出二自由度激励系统的受力图，如图 3.20 所示。受道路激励的二自由度四分之一车辆（2 DOF Q - Car）模型被广泛地应用于汽车工业中，许多学科在进行分析时都需要用到该模型，其中包括地面车辆的动态响应预测、识别、优化和控制，这主要是由于二自由度四分之一车辆模型为简单而正确地对汽车动力学、运动学、驾驶性和操作性进行定性分析和定量分析提供了可行性。模型中的不舒适指数指的是垂直运动，轮胎以刚度表示，车轮和连接的元件用质量表示，悬架用弹簧和减振器并联工作表示，与 Kelvin - Voigt 模型相符合。

为了推导出运动方程，根据牛顿第二定律对每个簧载质量和非簧载质量进行分析，得到下式：

$$- k_2(y_2 - y_1) - c_2(\dot{y}_2 - \dot{y}_1) = m_2 \ddot{y}_2$$
$$- k_1(y_1 - y_b) + k_2(y_2 - y_1) + c_2(\dot{y}_2 - \dot{y}_1) = m_1 \ddot{y}_1 \tag{3.85}$$

$$- \omega_{n_2}^2(y_2 - y_1) - 2\zeta_2 \omega_{n_2}(\dot{y}_2 - \dot{y}_1) = \ddot{y}_2$$
$$- \omega_{n_1}^2(y_1 - y_b) + \varepsilon \omega_{n_2}^2(y_2 - y_1) - 2\varepsilon \zeta_2 \omega_{n_2}(\dot{y}_2 - \dot{y}_1) = \ddot{y}_1 \tag{3.86}$$

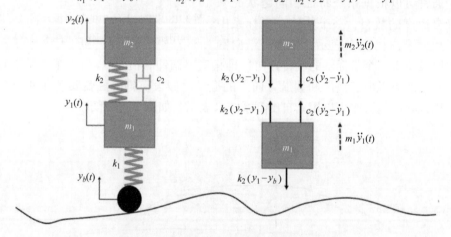

图 3.20　四分之一车辆模型的受力图

固有频率、阻尼比和质量比如下所示：

$$\omega_{n_1} = \sqrt{\frac{k_1}{m_1}} \quad \omega_{n_2} = \sqrt{\frac{k_2}{m_2}} \quad \zeta_2 = \frac{c_2}{2\sqrt{k_2 m_2}} \quad \varepsilon = \frac{m_2}{m_1} \tag{3.87}$$

同样的，可将运动方程写成矩阵方程形式：

$$M\ddot{\underline{y}} + C\dot{\underline{y}} + Y\underline{y} = \underline{f}(t) \tag{3.88}$$

式中，$\underline{y}(t) = (y_1, y_2)$ 表示响应向量。质量矩阵、阻尼矩阵和刚度矩阵如下所示：

$$\begin{bmatrix} m_1 & 0 \\ 0 & m_2 \end{bmatrix}\begin{pmatrix} \ddot{y}_1 \\ \ddot{y}_2 \end{pmatrix} + \begin{bmatrix} c_2 & -c_2 \\ -c_2 & -c_2 \end{bmatrix}\begin{pmatrix} \dot{y}_1 \\ \dot{y}_2 \end{pmatrix} + \begin{bmatrix} k_1+k_2 & -k_2 \\ -k_2 & k_2 \end{bmatrix}\begin{pmatrix} y_1 \\ y_2 \end{pmatrix} = \begin{bmatrix} k_1 \\ 0 \end{bmatrix} y_b \quad (3.89)$$

其中，矩阵 M、C 和 K 分别为 $\begin{bmatrix} m_1 & 0 \\ 0 & m_2 \end{bmatrix}$、$\begin{bmatrix} c_2 & -c_2 \\ -c_2 & -c_2 \end{bmatrix}$ 和 $\begin{bmatrix} k_1+k_2 & -k_2 \\ -k_2 & k_2 \end{bmatrix}$。

C 矩阵为阻尼矩阵，是轮胎沿着不平整路面运动而引起扰动衰减的重要因素，它对质量垂直运动引起的动能耗散也起着重要作用。

系统的固有频率（二自由度系统有两个固有频率）为

$$\omega_1^2 = \frac{1}{2}\left[\frac{(k_1+k_2)m_2 + k_2 m_1}{m_2 m_1}\right] - \frac{1}{2}\left\{\left[\frac{(k_1+k_2)m_2 + k_2 m_1}{m_2 m_1}\right]^2 - 4\left[\frac{k_1 k_2}{m_2 m_1}\right]\right\}^{\frac{1}{2}}$$

$$\omega_2^2 = \frac{1}{2}\left[\frac{(k_1+k_2)m_2 + k_2 m_1}{m_2 m_1}\right] + \frac{1}{2}\left\{\left[\frac{(k_1+k_2)m_2 + k_2 m_1}{m_2 m_1}\right]^2 - 4\left[\frac{k_1 k_2}{m_2 m_1}\right]\right\}^{\frac{1}{2}}$$

$$(3.90)$$

基于能量再生系统的双重质量的振型为

$$u_1 = \frac{-m_2\omega_1^2 + (k_1+k_2)}{k_2} = \frac{k_2}{-m_1\omega_1^2 + (k_1+k_2)}$$

$$u_2 = \frac{-m_2\omega_2^2 + (k_1+k_2)}{k_2} = \frac{k_2}{-m_1\omega_2^2 + (k_1+k_2)}$$

$$(3.91)$$

振型决定了系统在不同固有频率下的形态，该振型可通过单自由度或者二自由度系统振动方程的特征值来确定，在上述系统中的某个频率，更确切地说是在上述系统的固有频率下，发生共振，振型描述了结构在固有频率下自然位移的构型或模式。

从运动学的角度出发，可以得到簧载质量和非簧载质量之间的作用力等动力学方程，通过求解运动的常微分方程，并以道路输入（y_b）作为谐波道路轮廓，可以得到簧载质量和非簧载质量的位移以及簧载质量加速度，如图 3.21 所示。

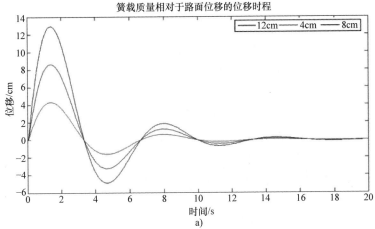

图 3.21 a）簧载质量位移、b）非簧载质量位移和 c）簧载质量加速度

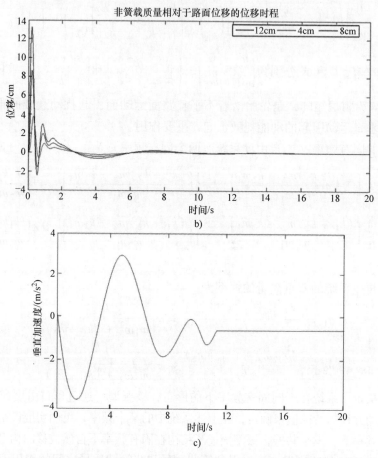

图 3.21 a）簧载质量位移、b）非簧载质量位移和 c）簧载质量加速度（续）

3.3.2 自行车模型

自行车模型主要是用来处理车身的俯仰和垂直自由度，通过弹簧/减振器系统对前后悬架进行建模，更详细的模型还需要考虑到轮胎模型和非线性阻尼，例如与速度相关的阻尼（回弹时候的阻尼大于压缩时候的阻尼）。汽车的车身具有俯仰和垂直自由度，它们在模型中用四个状态量来表示：垂直位移、垂直速度、俯仰角位移和俯仰角速度，根据牛顿第二运动定律，力和力矩导致了车身的运动。图 3.22 表示了车辆的自行车模型悬架系统。

根据牛顿第二运动定律，可以建立出四自由度系统的运动控制方程如下：

$$m_2 \ddot{y}_s + c_{R1}(\dot{y}_{R2} - \dot{y}_{R1}) + c_{L1}(\dot{y}_{L2} - \dot{y}_{L1}) + k_{R2}(y_{R2} - y_{R1}) + k_{L2}(y_{L2} - y_{L1}) = 0$$

$$(3.92)$$

$$I\ddot{\theta} + l_1[c_{R1}(\dot{y}_{R2} - \dot{y}_{R1}) + k_{R2}(y_{R2} - y_{R1})] - l_2[c_{L1}(\dot{y}_{L2} - \dot{y}_{L1}) + k_{L2}(y_{L2} - y_{L1})] = 0 \tag{3.93}$$

$$m_R\ddot{y}_{R1} - c_{R1}(\dot{y}_{R2} - \dot{y}_{R1}) - k_{R2}(y_{R2} - y_{R1}) + k_{R1}(y_{R2} - y_{Rb}) = 0 \tag{3.94}$$

$$m_L\ddot{y}_{L1} - c_{L1}(\dot{y}_{L2} - \dot{y}_{L1}) - k_{L2}(y_{L2} - y_{L1}) + k_{L1}(y_{L2} - y_{Lb}) = 0 \tag{3.95}$$

用常微分方程求解器求解出运动方程，并将阶跃函数作为车辆道路轮廓的一个输入（图3.23），就可以得到俯仰差的趋势、簧载质量的垂直速度，以及簧载质量和前部非簧载质量之间的力和由加速或减速产生的动量（图3.24）。

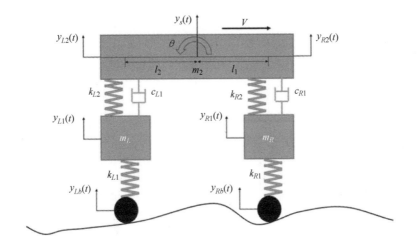

图3.22　车辆的自行车模型悬架系统

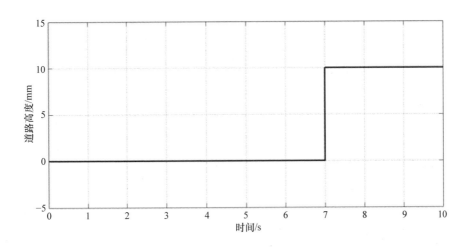

图3.23　阶跃函数输入

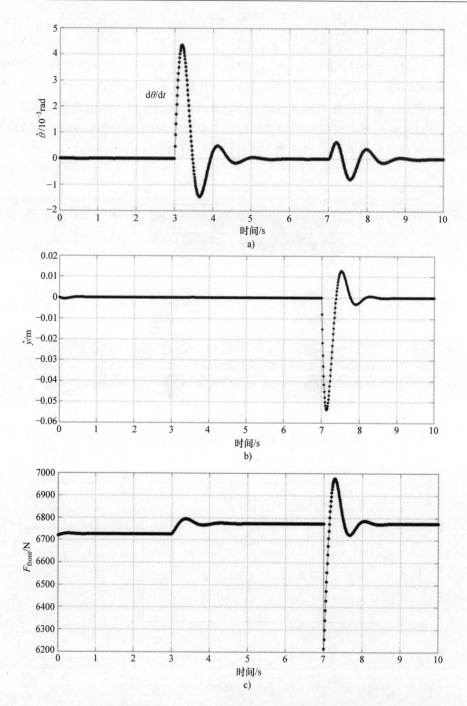

图 3.24　a）二分之一车辆的俯仰差、b）垂直速度、c）簧载质量和前部非簧载质量之间的力和 d）由加速或减速引起的动量

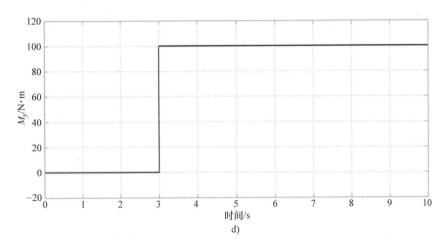

图 3.24　a）二分之一车辆的俯仰差、b）垂直速度、c）簧载质量和前部非簧载质量之间的力和 d）由加速或减速引起的动量（续）

3.3.3　二分之一车辆模型

二分之一车辆模型与自行车模型类似，其不同之处在于在半车模型中，俯仰运动不再是重点，转而着重研究侧倾运动。半车模型的悬架系统绕 y 轴转动，如图 3.25 所示。

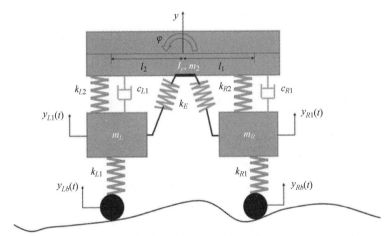

图 3.25　半车模型的悬架系统

根据牛顿第二运动定律建立以下方程组，由于该系统是一个四自由度系统，因此方程组中有四个方程式，其中三个是质量的振动，一个是簧载质量的滚动。

$$m_2\ddot{y} + c_{R1}(\dot{y} - \dot{y}_{R1} + l_1\dot{\varphi}) + c_{L1}(\dot{y} - \dot{y}_{L1} + l_2\dot{\varphi}) +$$
$$k_{R2}(y - y_{R1} + l_1\varphi) + k_{L2}(y - y_{L1} + l_2\varphi) = 0 \tag{3.96}$$

$$I_y\ddot{\varphi} + l_1 c_{R1}(\dot{y} - \dot{y}_{R1} + l_1\dot{\varphi}) - l_2 c_{L1}(\dot{y} - \dot{y}_{L1} - l_2\dot{\varphi}) +$$
$$l_1 k_{R2}(y - y_{R1} + l_1\varphi) - l_2 k_{L2}(y - y_{L1} + l_2\varphi) + k_E\varphi = 0 \tag{3.97}$$

$$m_R\ddot{y}_{R1} - c_{R1}(\dot{y} - \dot{y}_{R1} + l_1\dot{\varphi}) - k_{R2}(y - y_{R1} + l_1\varphi) + k_{R1}(y_{R1} - y_{Rb}) = 0 \tag{3.98}$$

$$m_L\ddot{y}_{L1} - c_{L1}(\dot{y} - \dot{y}_{L1} + l_2\dot{\varphi}) - k_{L2}(y - y_{L1} - l_2\varphi) + k_{L1}(y_{L1} - y_{Lb}) = 0 \tag{3.99}$$

3.3.4 整车模型

汽车的一般振动模型称为整车模型，如图 3.26 所示。整车模型包括车身的振动 z，车身的侧倾 ϕ，车身的俯仰 θ，车轮的振动 y_1、y_2、y_3、y_4，以及独立的道路激励 y_{11}、y_{22}、y_{33}、y_{44}。由此可以看出，整车振动模型具有七个自由度，故有七个运动方程。

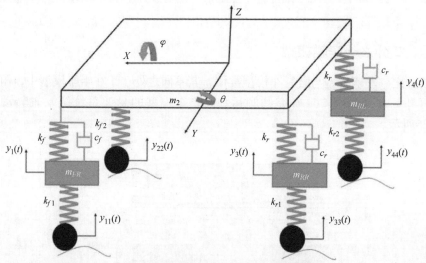

图 3.26 整车模型的悬架系统

$$m_2\ddot{y} + k_f(y - y_1 + l_1\varphi - s_1\theta) + k_f(y - y_2 - l_2\varphi - s_1\theta) +$$
$$k_r(y - y_3 - l_1\varphi + s_2\theta) + k_r(y - y_4 - l_2\varphi + s_2\theta) +$$
$$c_f(\dot{y} - \dot{y}_1 + l_1\dot{\varphi} - s_1\dot{\theta}) + c_f(\dot{y} - \dot{y}_2 - l_2\dot{\varphi} - s_1\dot{\theta}) + \tag{3.100}$$
$$c_r(\dot{y} - \dot{y}_3 - l_1\dot{\varphi} + s_2\dot{\theta}) + c_r(\dot{y} - \dot{y}_4 + l_2\dot{\varphi} + s_2\dot{\theta}) = 0$$

$$I_x\ddot{\varphi} + k_f l_1(y - y_1 + l_1\varphi - s_1\theta) - k_f l_2(y - y_2 - l_2\varphi - s_1\theta) -$$
$$k_r l_1(y - y_3 - l_1\varphi + s_2\theta) + k_r l_2(y - y_4 + l_2\varphi + s_2\theta) +$$
$$c_f l_1(\dot{y} - \dot{y}_1 + l_1\dot{\varphi} - s_1\dot{\theta}) - c_f l_2(\dot{y} - \dot{y}_2 - l_2\dot{\varphi} - s_1\dot{\theta}) - \tag{3.101}$$
$$c_r l_1(\dot{y} - \dot{y}_3 - l_1\dot{\varphi} + s_2\dot{\theta}) + c_r l_2(\dot{y} - \dot{y}_4 + l_2\dot{\varphi} + s_2\dot{\theta}) = 0$$

$$I_y\ddot{\theta} - k_f s_1(y - y_1 + l_1\varphi - s_1\theta) - k_f s_1(y - y_2 - l_2\varphi - s_1\theta) +$$
$$k_f s_2(y - y_3 - l_1\varphi + s_2\theta) + k_r s_2(y - y_4 + l_2\varphi + s_2\theta) -$$
$$c_f s_1(\dot{y} - \dot{y}_1 + l_1\dot{\varphi} - s_1\dot{\theta}) - c_f s_1(\dot{y} - \dot{y}_2 - l_2\dot{\varphi} - s_1\dot{\theta}) + \qquad (3.102)$$
$$c_r s_2(\dot{y} - \dot{y}_3 - l_1\dot{\varphi} + s_2\dot{\theta}) + c_r s_2(\dot{y} - \dot{y}_4 + l_2\dot{\varphi} + s_2\dot{\theta}) = 0$$

$$m_{FR}\ddot{y}_1 - k_f(y - y_1 + l_1\varphi - s_1\theta) - c_f(\dot{y} - \dot{y}_1 + l_1\dot{\varphi} - s_1\dot{\theta}) + k_{f1}(y_1 - y_{11}) = 0$$
$$(3.103)$$

$$m_{FL}\ddot{y}_2 - k_f(y - y_2 - l_2\varphi - s_1\theta) - c_f(\dot{y} - \dot{y}_2 - l_2\dot{\varphi} - s_1\dot{\theta}) + k_{f2}(y_2 - y_{22}) = 0$$
$$(3.104)$$

$$m_{RR}\ddot{y}_3 - k_r(y - y_3 - l_1\varphi - s_2\theta) - c_r(\dot{y} - \dot{y}_3 - l_1\dot{\varphi} + s_2\dot{\theta}) + k_{r1}(y_3 - y_{33}) = 0$$
$$(3.105)$$

$$m_{RL}\ddot{y}_4 - k_r(y - y_4 + l_2\varphi + s_2\theta) - c_r(\dot{y} - \dot{y}_4 + l_2\dot{\varphi} + s_2\dot{\theta}) + k_{r2}(y_4 - y_{44}) = 0$$
$$(3.106)$$

在使用 MATLAB 等常微分方程求解器解出运动方程后，可以得到右前轮车轮的轮胎变形、车轮的弹跳以及阻尼力和阻尼系数（图3.27）。

假定汽车的前后悬架均为独立悬架，则每个车轮仅有一个垂直位移，对于实心轴，左右车轮构成刚体，具有滚动和振动，因此应该相应地修改能量方程和运动方程，来表示实心轴的振动和滚动。

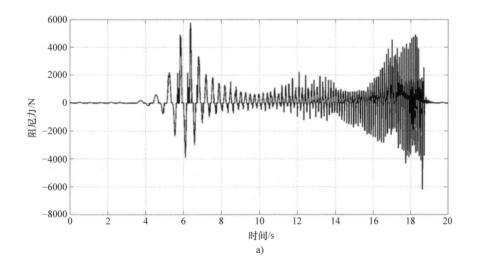

图 3.27　由整车模型得到的阻尼力（a）、弹跳（b）、阻尼系数（c）和轮胎变形（d）

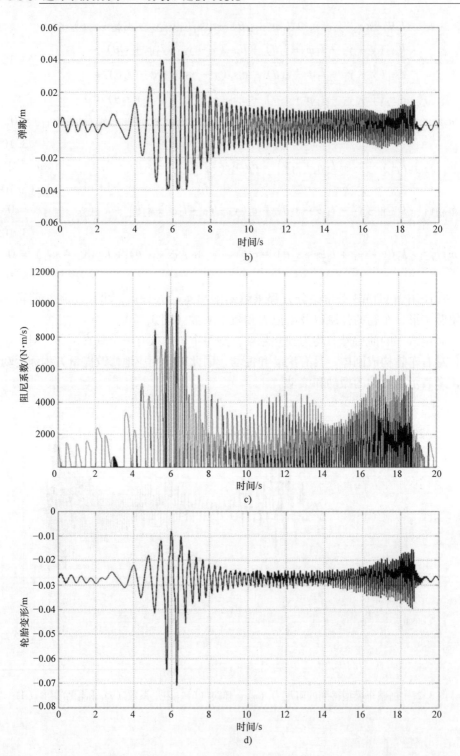

图 3.27　由整车模型得到的阻尼力（a）、弹跳（b）、阻尼系数（c）和轮胎变形（d）（续）

3.4 运动稳定性和操纵稳定性

3.4.1 车辆的操纵动力学

在车辆的操纵动力学中，我们更关注运动的横向控制动力学，它是对轮式车辆在运动方向上发生横向移动方法的描述，尤其是在转向、加速以及制动过程中，此外，还包括在稳态条件下运动时的方向稳定性，图 3.28 给出了整车的二自由度操纵模型。

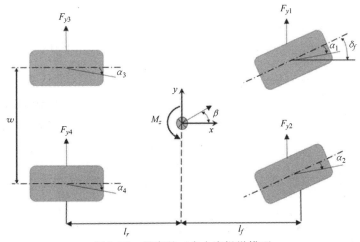

图 3.28 整车的二自由度操纵模型

根据牛顿运动定律和一些简单的几何关系，可以得到车辆重心（CoG）处的纵向速度、横向速度和横摆角速度，用以下的微分方程来表示：

$$m(\dot{v}_y + v_x r) - F_{y1} - F_{y2} - F_{y3} - F_{y4} = 0 \tag{3.107}$$

$$I_z \dot{r} - l_a(F_{y1} + F_{y2}) + l_b(F_{y3} + F_{y4}) - M_z = 0 \tag{3.108}$$

上述模型中，横向速度 v_y 和横摆角速度 r 是两个状态变量，M_z 是由控制规律确定的外部横摆力矩，轮胎的侧滑角是计算轮胎横向力的另一个重要指标。下式表示的是前轮和后轮的侧滑角：

$$\left.\begin{array}{l} \alpha_1 = \delta_f - \tan^{-1}\left(\dfrac{v_y + l_f r}{v_x - 0.5rw}\right) \\[2ex] \alpha_2 = \delta_f - \tan^{-1}\left(\dfrac{v_y + l_f r}{v_x + 0.5rw}\right) \\[2ex] \alpha_3 = \tan^{-1}\left(\dfrac{l_r r - v_y}{v_x - 0.5rw}\right) \\[2ex] \alpha_4 = \tan^{-1}\left(\dfrac{l_r r - v_y}{v_x + 0.5rw}\right) \end{array}\right\} \tag{3.109}$$

图3.29 是典型的在转向过程中线性车辆模型的响应，可以推断出非线性的轮胎力通过高 g 操作实现了车辆的稳定运动。当采用线性车辆模型时，无法在大滑移角、横向载荷传递影响、低摩擦系数以及其他一些影响车辆稳定性因素的条件下估算出力的丰度。

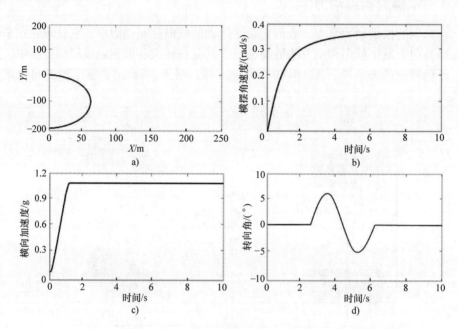

图3.29 在转向过程中车辆的二自由度操作模型的运动路径（a）、横摆角速度（b）、
横向加速度（c）和转向角（d）

将车辆的横摆角速度响应从二阶模型调整至一阶模型，可以使车辆的稳定性极限增大，同时避免了转向输入的振动。侧滑公式可以表示如下：

$$\left.\begin{aligned}
\beta_1 &= \tan^{-1}\left(\frac{v_y + l_f r}{v_x - 0.5rw}\right) \\
\beta_2 &= \tan^{-1}\left(\frac{v_y + l_f r}{v_x + 0.5rw}\right) \\
\beta_3 &= \tan^{-1}\left(\frac{v_y - l_f r}{v_x - 0.5rw}\right) \\
\beta_4 &= \tan^{-1}\left(\frac{v_y - l_f r}{v_x + 0.5rw}\right)
\end{aligned}\right\} \tag{3.110}$$

在线性轮胎模型中，轮胎的横向力通过轮胎的侧偏刚度和侧偏角来表示：

$$F_{yi} = C_\alpha \alpha_i \qquad i = 1,2,3,4 \tag{3.111}$$

$$F_y = F_{y1} + F_{y2} + F_{y3} + F_{y4} \tag{3.112}$$

根据 Dugoff 处理摩擦椭圆概念的轮胎模型，可以将横向力表示为

$$F_h = \frac{C_\alpha \tan\alpha}{1-s} f(h) \tag{3.113}$$

$$f(h) = \begin{cases} h(2-h), & h < 1 \\ 1, & h > 1 \end{cases} \tag{3.114}$$

$$h = \frac{\gamma F_z (1 - \varepsilon_r x \sqrt{s^2 + \tan^2\alpha})(1-s)}{2\sqrt{C_s^2 s^2 + C_\alpha^2 \tan^2\alpha}} \tag{3.115}$$

除了侧滑外，如果还考虑了侧倾，则得到车辆的九自由度模型，如图 3.30 所示。

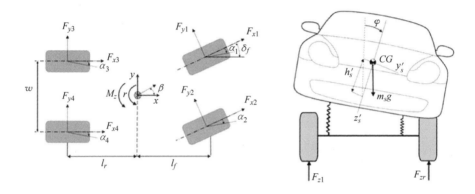

图 3.30　九自由度整车操纵模型

由牛顿运动定律，车辆的纵向力、横向力、横摆动量和侧倾自由度的控制方程如下所示：

$$m(\dot{v}_x + rv_y) = \sum F_x \tag{3.116}$$

$$m(\dot{v}_y + rv_x) + m_s h_s' \ddot{\varphi} = \sum F_y \tag{3.117}$$

$$I_{zz}\dot{r} - I_{xz}\ddot{\varphi} = \sum M_z \tag{3.118}$$

$$I_{xx}\ddot{\varphi} + m_s h_s'(\dot{v}_y + rv_x) = \sum M_x \tag{3.119}$$

式中，$\sum M_x$、$\sum M_z$、$\sum F_x$ 和 $\sum F_y$ 如下所示：

$$\sum F_x = F_{x1} + F_{x2} + F_{x3} + F_{x4} \tag{3.120}$$

$$\sum F_y = F_{y1} + F_{y2} + F_{y3} + F_{y4} \tag{3.121}$$

$$\sum M_x = (m_s g h_x' - k_\varphi)\varphi - c_\varphi \dot{\varphi} \tag{3.122}$$

$$\sum M_z = l_r(F_{y3} + F_{y4}) - l_f(F_{y1} + F_{y2}) + \frac{w}{2}[(F_{x1} + F_{x3}) - (F_{x2} + F_{x4})] - M_z \tag{3.123}$$

如果将系统的非线性与吹向车身的风力影响结合到方程中，则可以得到以下方程（图3.31）：

$$\begin{cases} m(\dot{v}_x - v_y r) = (f_{x1} + f_{x2})\cos\delta_f + (f_{x3} + f_{x4}) - (f_{y1} + f_{y2})\sin\delta_f - a_{dx}v_x|v_x| \\ m(\dot{v}_y + v_x r) = (f_{x1} + f_{x2})\sin\delta_f + (f_{y3} + f_{y4}) + (f_{y1} + f_{y2})\sin\delta_f - a_{dy}v_x|v_x| + F_{wd} \\ I\dot{r} = l_f[(f_{x1} + f_{x2})\cos\delta_f + (f_{x1} + f_{x2})\sin\delta_f] - l_r(f_{y3} + f_{y4}) + \dfrac{w}{2}[(-f_{y2} + f_{y1})\sin\delta_f] + l_{wd}F_{wd} \end{cases}$$

$$(3.124)$$

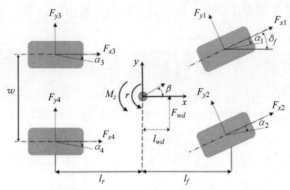

图3.31 整车非线性操纵模型

非线性轮胎侧滑角的计算公式如下：

$$\begin{aligned} \alpha_1 &= \delta_f - \tan^{-1}\left(\frac{v_y - (n_t\cos\delta_f)\dot{\delta}_f - (n_t\cos\delta_f - l_f)r}{v_x + (n_t\sin\delta_f)\dot{\delta}_f + \left(n_t\sin\delta_f - \dfrac{w}{2}\right)r}\right) \\[2mm] \alpha_2 &= \delta_f - \tan^{-1}\left(\frac{v_y - (n_t\cos\delta_f)\dot{\delta}_f - (n_t\cos\delta_f - l_f)r}{v_x + (n_t\sin\delta_f)\dot{\delta}_f + \left(n_t\sin\delta_f + \dfrac{w}{2}\right)r}\right) \\[2mm] \alpha_3 &= -\tan^{-1}\left(\frac{v_y - l_r r}{v_x - \dfrac{w}{2}r}\right) \\[2mm] \alpha_4 &= \tan^{-1}\left(\frac{v_y - l_r r}{v_x + \dfrac{w}{2}r}\right) \end{aligned}\qquad (3.125)$$

由汽车的操纵运动方程可以得出车辆的纵向力、横向力、侧倾和俯仰，如图3.32所示。

3.4.2 越野车辆的稳定性

本节主要是针对诸如农用拖拉机之类的原型越野车辆，当其在陡峭的山坡上作业或需要越过障碍时的稳定性和倾覆问题。

在不规则路面和斜坡上行驶的越野车辆的不稳定性和倾覆问题一直是工程师和

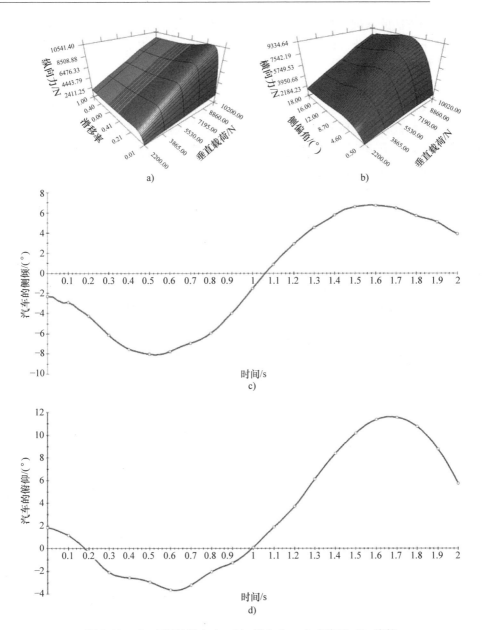

图 3.32　a）车辆的纵向力、b）横向力、c）侧倾和 d）俯仰

设计师需要面对的问题，翻车状况与操作条件和许多车辆设计参数密切相关。在不同类型的越野车辆中，由于缺乏弹性设计且悬架系统不适当，农用拖拉机成为侧翻事故的最大受害者，而引进的 ROPS（翻车保护结构）技术却并不能防止此类事故的发生，只是减少了事故的致死率。但是如果对拖拉机的运动学和动力学进行客观条件评估，就可以保证它的安全性和稳定性，基于此，人们已经进行了许多次尝

试，在理论方法的基础上开发出一种封闭式系统，来对那些更容易发生横向不稳定性问题的车辆进行优化，值得注意的是，由于试验过程比较危险，因此倾覆问题和不稳定性的试验工作是非常受限的。

在研究公路车辆的稳定性问题时，第一步是对车辆运动方程进行合理的推导和逼近。图3.33表示的是一辆在角度为 θ 的斜坡上行驶的四轮拖拉机，如上所述，典型的拖拉机没有本书所考虑的悬架系统。另外，人们假设轮胎是过度充气的，因此可以看作是一个刚性体，轮胎下方的地面是紧实土，也不容易发生变形。通过这些假设，我们可以将拖拉机看作是一个没有能量损失的保守系统，由于没有能量损失，就可以根据能量守恒定律来建立模型。

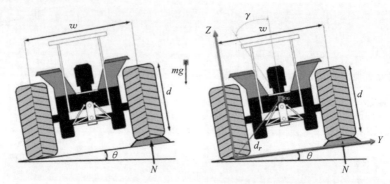

图3.33　在角度为 θ 的斜坡上行驶的四轮拖拉机

将障碍物考虑为一个函数 $O = f(x)$，用这个函数来描述障碍物的形状，拖拉机以速度 V_v 在角度为 θ 的倾斜表面上越过上述的障碍物行驶。则速度和障碍函数存在着以下的关系：

$$O = f(x) \text{ 和 } V_v = \frac{\mathrm{d}x}{\mathrm{d}t} \Rightarrow \mathrm{d}O/\mathrm{d}t = \frac{\mathrm{d}f(x)}{\mathrm{d}x}V_v \tag{3.126}$$

为了得到车轮的角速度，可以将式（3.126）与下式进行结合：

$$\mathrm{d}O = W\mathrm{d}\theta/\cos\theta \xrightarrow{\mathrm{d}O/\mathrm{d}t = \frac{\mathrm{d}f(x)}{\mathrm{d}x}V_v} \mathrm{d}\theta = \frac{\cos\theta \times V_v \times \mathrm{d}f(x) \times \mathrm{d}t}{W\mathrm{d}x} \tag{3.127}$$

这是由于车辆的速度和越过障碍物时轮胎的线速度是不同的，现在我们可以得到角速度和角加速度如下所示：

$$\omega = \frac{\cos\theta \times V_v \times \mathrm{d}f(x)}{W\mathrm{d}x} \tag{3.128}$$

$$\alpha = \frac{\mathrm{d}\omega}{\mathrm{d}t} = \frac{\cos\theta \times V_v \times \mathrm{d}f(x)}{W\mathrm{d}x\mathrm{d}t} = \left(\frac{\mathrm{d}^2f(x)}{\mathrm{d}x^2} \times V_v^2 \times \frac{\cos\theta}{W} - \frac{\mathrm{d}f(x)}{\mathrm{d}x} \times \frac{V_v \times \omega \times \sin\theta}{W} \right)$$

$$\tag{3.129}$$

除了侧倾以外，车辆还容易发生俯仰，因为拖拉机的前轴在底盘上旋转，轮子的相对运动会对后轴产生俯仰作用，因此在侧倾运动中推导角速度和角加速度的方法同样也适用于俯仰运动。

与式（3.126）相似，

$$\mathrm{d}O/\mathrm{d}t = \frac{\mathrm{d}u(x)}{\mathrm{d}x}V_v \tag{3.130}$$

中心高度是障碍物高度的一半，因此：

$$\mathrm{d}O_p = \frac{\mathrm{d}u(x)}{\mathrm{d}x} \times \frac{V_v\mathrm{d}t}{2} \tag{3.131}$$

$$b \times \mathrm{d}\beta = \mathrm{d}O_p\cos\theta \tag{3.132}$$

对上述的几个公式进行组合，可以求得俯仰角速度：

$$\mathrm{d}\beta = \frac{\cos\theta \times V_v \times \mathrm{d}u(x) \times \mathrm{d}t}{2b\mathrm{d}x} \to \frac{\mathrm{d}\beta}{\mathrm{d}t}\omega_p = \frac{\cos\theta \times V_v \times \mathrm{d}u(x)}{2b\mathrm{d}x} \tag{3.133}$$

式中，$\mathrm{d}\beta$ 是前轴中心点相对于后轴的角位移；b 是车轮的宽度。因此，俯仰角加速度可以通过对角速度分量进行求导来计算。

$$\alpha_p = \frac{\mathrm{d}\omega_p}{\mathrm{d}t} = \frac{\mathrm{d}}{\mathrm{d}t}\left(\frac{\cos\theta \times V_v \times \mathrm{d}u(x)}{2b\mathrm{d}x}\right) \tag{3.134}$$

值得注意的是，角加速度还可以通过代数计算中的链式规则来得到：

$$\alpha_p = \left(\frac{\mathrm{d}\dfrac{\mathrm{d}u(x)}{\mathrm{d}x}}{\mathrm{d}x} \times \frac{\cos\theta \times V_v}{2b} \times \frac{\mathrm{d}x}{\mathrm{d}t} - \frac{\mathrm{d}u(x)}{\mathrm{d}x} \times \frac{V_v \times \sin\theta}{2b} \times \frac{\mathrm{d}\theta}{\mathrm{d}t}\right) \tag{3.135}$$

$$= \left(\frac{\mathrm{d}^2u(x)}{\mathrm{d}x^2} \times \frac{\cos\theta \times V_v^2}{2b} - \frac{\mathrm{d}u(x)}{\mathrm{d}x} \times \frac{V_v \times \sin\theta}{2b} \times \omega\right)$$

如果 $\vec{A}$ 是角动量向量，单位为 $\mathrm{kgm^2s^{-1}}$；$\vec{l}$ 是线性动量向量，单位为 $\mathrm{kgm^2s^{-1}}$；$\vec{A}$ 是车身外部的力向量，单位为 N；$\vec{M}$ 是车身外部的力矩向量，单位为 N·m，则经典动力学方程可以写为

$$\vec{M} = \frac{\mathrm{d}\vec{A}}{\mathrm{d}t} \Rightarrow \vec{M} = \frac{\mathrm{d}(I \cdot \vec{\omega})}{\mathrm{d}t} = I \cdot \frac{\mathrm{d}\vec{\omega}}{\mathrm{d}t}$$

$$\vec{F} = \frac{\mathrm{d}\vec{l}}{\mathrm{d}t} \Rightarrow \vec{F} = m \cdot \frac{\mathrm{d}(\vec{V_v})}{\mathrm{d}t} = m \cdot \vec{g} \tag{3.136}$$

根据拖拉机的质量和惯性以及角速度与线速度的变化来定义拖拉机的动量：

$$KE = \frac{1}{2}(I\omega^2 + mV_v^2) \tag{3.137}$$

在式（3.137）中，与力矩有关的项必须相对于 x 和 y 的惯性矩（即 I_{xx} 和 I_{yy}）以及惯性积（I_{xy}）的惯性矩进行进一步扩展，值得注意的是，相对于 z 的惯性矩（I_{zz}）和惯性积（I_{xz} 和 I_{yz}）均包含在初始模型中，但是由于忽略了拖拉机的偏航，

z 轴的角速度为零（$\omega_z = 0$），因此这些项将会在之后被消去。故动能可以写为

$$KE = \frac{1}{2}mV_v^2 + \frac{1}{2}(I_{xx}\omega_x^2 + I_{yy}\omega_y^2 + I_{yy}\omega_z^2) - I_{xy}\omega_x\omega_y - I_{xz}\omega_x\omega_z - I_{yz}\omega_y\omega_z$$

$$(3.138)$$

又由于 $\omega_z = 0$，式（3.138）可以被简写为

$$KE = \frac{1}{2}mV_v^2 + \frac{1}{2}(I_{xx}\omega_x^2 + I_{yy}\omega_y^2) - I_{xy}\omega_x\omega_y \qquad (3.139)$$

显然，由于拖拉机的对称性，惯性积 I_{xy} 为零，因此，动能的最终形式可以被描述为下式，其中 ω 和 ω_p 分别表示 ω_x 和 ω_y（滚动角速度和俯仰角速度）：

$$KE = \frac{1}{2}mV_v^2 + \frac{1}{2}(I_{xx}\omega^2 + I_{yy}\omega_p^2) \qquad (3.140)$$

此时，根据能量守恒定律，当车轮与地面分离（越过障碍物）时，外力即机械能所做的功为零，又由于拖拉机是一个无悬架系统且假定轮胎是一个刚性体，同时地面是不可压缩的，因此可以将系统中的弹性势能忽略掉。即动能和势能之和为零：

$$ME = KE + PE \xrightarrow{ME = 0} KE + PE = 0 \qquad (3.141)$$

式中，ME 是机械能；KE 和 PE 分别是动能和势能。

Ahmadi 提出，在倾覆问题中，有两个阶段的动能非常大；第一个阶段是拖拉机开始翻转的时候，第二个阶段是拖拉机重心（CG）处于最大位置，此时重心处的速度用 V_v 来表示。在此基础上，如果拖拉机的重心与滚动轴（d_r）之间的距离以及拖拉机重心与俯仰轴（d_p）之间的距离是已知的，就可以求出翻转初始时刻拖拉机重心处的速度，进而可以确定动能和势能的变化以及拖拉机重心的最终高度。

$$\vec{V_c} = \vec{V_f} + \vec{\omega} \times \vec{d_r} + \vec{\omega_p} \times \vec{d_p} \qquad (3.142)$$

其中，

$$\vec{\omega} \times \vec{d_r} = d_r \times \omega_r(\cos\gamma\vec{k} - \sin\gamma\vec{j})$$
$$\vec{\omega_p} \times \vec{d_p} = d_p \times \omega_p(\cos\lambda\vec{k} - \sin\lambda\vec{j}) \qquad (3.143)$$

式中，d_p 是恒定值；d_r、γ（侧倾的初始角度）和 λ（后倾的初始角度）定义如下：

$$d_r = \sqrt{\frac{W^2}{4} + d^2}$$

$$\lambda = \tan^{-1}\left(\frac{O}{2b}\right) \qquad (3.144)$$

$$\gamma = \tan^{-1}\left(\frac{O}{W}\right) + \tan^{-1}\left(\frac{2d}{W}\right)$$

现在可以确定之前所述的两个基本阶段（开始倾覆和最大重心高度）之间的动能与势能的变化如下：

$$\Delta KE = KE_v - KE_c = \frac{1}{2}m(V_v^2 - V_c^2) - \frac{1}{2}(I_{xx}\omega^2 + I_{yy}\omega_p^2) \qquad (3.145)$$

$$\Delta PE = PE_v - PE_c = mg\left(h - \sqrt{\frac{W^2}{4} + d^2}\sin\left[\theta + \operatorname{arctg}\left(\frac{2d}{W}\right)\right]\right) \qquad (3.146)$$

如果 h 的值小于 $\sqrt{\dfrac{W^2}{4} + d^2}$，拖拉机是安全的，但如果比该值大，则拖拉机就是不稳定的。

参 考 文 献

1. Janosi, Z., & Hanamoto, B. (1961). Analytical determination of drawbar pull as a function of slip for tracked vehicles in deformable soils. In *Proceedings of the 1st International Conference on Terrain-Vehicle Systems*, Turin, Italy.

2. Bekker, M. G. (1956). *Theory of land locomotion* (520pp). Ann Arbor: University of Michigan Press.

3. Wong, J. Y. (1984). On the study of wheel-soil interaction. *Journal of Terramechanics, 21*(2), 117–131.

4. Hetherington, J. G., & Littleton, I. (1978). The rolling resistance of towed, rigid wheels in sand. *Journal of Terramechanics, 15*(2), 95–105.

5. Rowland, D. (1972). Tracked vehicle ground pressure and its effort on soft ground performance. In *Proceedings of the 4th Internattional ISTVS Conference*, April 24–28, 1972, Stockholm-Koruna, Sweden (pp. 353–384).

6. Uffelmann, F. L. (1961). The performance of rigid wheels on clay soils. In *Proceedings of the First International Conference on the Mechanics of Soil-Vehicle Systems*, Turin (pp. 153–159).

7. Gee-Clough, D. (1980). Selection of tire sizes for agricultural vehicles. *Journal of Agricultural Engineering Research, 24*(3), 261–278.

8. Wismer, R. D., & Luth, H. J. (1973). Off-road traction prediction for wheeled vehicles. *Journal of Terramechanics, 10*(2), 49–61.

9. Taghavifar, H., & Mardani, A. (2013). Investigating the effect of velocity, inflation pressure, and vertical load on rolling resistance of a radial ply tire. *Journal of Terramechanics, 50*(2), 99–106.

10. Freitag, D. R. (1965). *A dimensional analysis of the performance of pneumatic tires on soft soils*. Technical Report 3-688, US Army Corps of Engineers, Waterways Experimental Station, USA.

11. Turnage, G. W. (1972). Tire selection and performance prediction for off-road wheeled-vehicle operations. In *Proceedings of the 4th International Society for Terrain-Vehicle System*, Stockholm, Sweden (pp. 89–98).

12. Dwyer, M. J., Comely, D. R., & Evernden, D. W. (1975). Development of the NIAE handbook of agricultural tire performance. In *Proceedings of the 5th International Society for Terrain-Vehicle Systems*, Detroit, USA, pp. 132–139 (26 pp).

13. Gee-Clough, D., McAllister, M., & Evernden, D. W. (1977). Tractive performance of tractor drive tires, II. A comparison of radial and cross-ply carcass construction. *Journal of Agricultural Engineering Research, 22*(4), 385–395.

14. McAllister, M. D. (1983). Reduction in the rolling resistance of tires for trailed agricultural machinery. *Journal of Agricultural Engineering Research, 28*(127), 137.

15. Gee-Clough, D., & Sommer, M. S. (1981). Steering forces on un-driven angled wheels. *Journal of Terramechanics, 18*(1), 25–49.

16. Saarilahti, M. (2002). Soil interaction model. Development of a protocol for coefficient wood harvesting on sensitive sites (ECOWOOD). *Project Deliverable D*, *2*, 2–87.

17. Karafiath, L. L., & Nowatzki, E. A. (1978). *Soil mechanics for off-road vehicle engineering*. Trans Tech Publications.

18. Shibly, H., Iagnemma, K., & Dubowsky, S. (2005). An equivalent soil mechanics formulation for rigid wheels in deformable terrain, with application to planetary exploration rovers. *Journal of Terramechanics, 42*(1), 1–13.

19. Wong, J. Y., & Reece, A. R. (1967). Prediction of rigid wheel performance based on the analysis of soil-wheel stresses—part I. *Journal of Terramechanics, 4*(1), 81–98.

20. Dowling, N. E. (1993). *Mechanical behavior of materials: engineering methods for deformation, fracture, and fatigue*. Upper Saddle River, NJ: Prentice Hall.

21. Chan, B. J. Y. (2008). Development of an off-road capable tire model for vehicle dynamics simulations.

22. Ahmadi, I. (2011). Dynamics of tractor lateral overturn on slopes under the influence of position disturbances (model development). *Journal of Terramechanics, 48*(5), 339–346.

第4章 从能量角度分析越野车的机动性

专业术语

W—功

P—功率

c—阻尼系数

k—弹簧刚度

$\dot{y}$—速度

m_s—簧载质量

m_u—非簧载质量

F_a—主动力

y—位移

v_0—参考空间频率

S_0—在参考空间频率下的功率谱密度位移

G_r—路面粗糙度系数

ω—频率

y_b—轮胎道路输入轮廓

Y—谐波函数幅值

η—频率比

ζ—阻尼比

F—力

V—速度

E—能量

    越野车的能量流分析是越野车辆能量分析的主要内容。值得注意的是由于车辆的尺寸不同且越野车的操作环境非常复杂，对越野车能量消耗的研究要比公路车更有意义。滚动阻力、悬架系统、轮胎和制动系统是导致越野车能量耗散的主要因素，所以应该采取一些措施来回收这些被耗散的能量。

4.1　越野车机动的能源与动力源

　　根据加利福尼亚州能源协会（CEC）对轻型货车的调查和应用低运动阻力轮胎的文献记载可以得出，如果将加利福尼亚州所有的轻型货车的轮胎全部更换为低滚动阻力轮胎，能量的回收大约相当于 $1135623.53\mathrm{m}^3/\mathrm{y}$ 的汽油，这是通过优化滚动阻力来对能量进行回收的结果。根据轮胎在反复变形过程中橡胶的弹性迟滞损失，我们对轮胎在行驶过程中的运动阻力进行了定量分析，车辆在地面上行驶的过程中，由于橡胶的循环变形弹性迟滞损失和车轮下方的土壤变形，能量损失增大。一般来说，要想同时提高越野车的机动性和燃油效率是一个相互矛盾的技术问题，因为提高车辆的机动性一般都是以消耗额外的燃油为代价的，而优化燃油的消耗则势必会降低车辆的机动性。运动阻力、土壤下沉和打滑是决定牵引轮性能的主要因素，其中，运动阻力是气动牵引轮的基本性能参数，在文献中有大量的研究表明，运动阻力通常会受到轮胎参数和系统参数的影响，包括轮胎的传统设计参数，例如直径、截面宽度、截面高度、充气压力和载荷与挠度的关系，这些参数对轮胎与土壤之间的相互作用有着不同程度的影响。因此，为了研究车轮与土壤之间的相互作用，首先要弄清楚轮胎的相关参数，并对其进行定性和定量。

　　如第 3 章所述，滚动阻力是行驶中轮胎不断变形以及在车轮载荷作用下土壤剖面的下沉导致的寄生能量损耗，由于随机的车轮动力与弹塑性半无限特征的土壤介质相互作用，这个过程十分复杂，其中机械能被转换成了热能。转换后的能量是橡胶变形（弹性变形）和/或轮胎下方土壤变形（塑性变形）所需能量与车轮轴承之间摩擦所需能量的总和。滚动阻力施加在车轮上，与汽车的行进方向相反，由于存在土壤下沉现象，在软土地面上行驶的车轮必须承受更大的阻力，进而导致更大的能量浪费，换句话说，滚动阻力可以描述为保持轮胎稳定滚动所需要的能量，并且对汽车的燃油利用率有着极大影响。

　　除了当代石油供应商的地缘政治动荡之外，由于原油资源的枯竭，车辆的能源效率成为一个非常重要的课题。轮式拖拉机的牵引性能作为能源效率的重要指标，是拖拉机车轮与表层土壤之间应力–应变相互作用的结果，土壤与车轮的相互作用约占拖拉机动力损耗的 20%～55%，大大地影响到了牵引杆的机械燃油消耗量，因此，必须对其进行详细分析来减少牵引能量的损耗，从而使越野车辆获得最佳的能量效率。因为越野车辆的尺寸更大，所需要提供的功率也更大，因此，越野车有着更为严重的能量损耗，这也使得对这类车辆的能量流进行专门研究是十分有必要的。

4.2　减振器（能量收集）

4.2.1　从悬架系统中收集能量

车辆的振动能量可以被回收利用，用来运行一些电动车辆系统或子系统，发动机内部燃料燃烧所产生的能量中，只有极少部分的能量被传递到车轮上，其余均通过热能、传动系统的能量损失以及发动机振动而耗散掉了，更糟糕的是，传递到车轮上的力仍然仅有一小部分被用来驱动车辆行驶，大多数的能量都在振动和运动中被耗散掉。从车辆的悬架系统中收集/回收能量对于越野车辆无疑是十分重要的，因为对于越野车辆来说，它更容易由于道路的不规则随机激励而振动，首先要捕获悬架系统的振动运动，然后将其尽可能地用于主动悬架控制和能量再生装置。传统的减振器可以在抑制路面不平顺所引起的垂直运动时耗散掉大量能量，从而减弱垂直运动的动能，其中大多数的减振器都是通过黏性流体或者干摩擦将能量转换为热能从而耗散掉。馈能式悬架可分为两类：机械馈能式悬架和电磁馈能式悬架。机械馈能式悬架可以吸收悬架的动能，将其转化为液压或者气动能量储存在蓄能器中，被动式液压阻尼器通常应用于便宜且简单的汽车悬架系统中。然而这些液压/气动系统都是具有一定缺点的，第一，复杂的管道系统重量较大，并且需要更多的安装空间；第二，软管如果泄漏或者破裂，可能会损坏到整个的系统；第三，液压/气动系统的响应带宽较窄，从而限制了悬架的性能；第四，再生的液压/气动能量很难被再利用，尤其是在汽车工业正致力于将混合动力电动汽车和全电动汽车商业化时。近年来，机电一体化领域和传感器领域的重大发展导致越来越多的汽车采用半主动和主动悬架，在液压缸中，液压油被加热，热空气被转移到了周围的介质中。

越野车受到各种各样的道路不平坦和随机道路轮廓的影响，除了典型的滚动阻力外，还可能会导致车辆经历更大的能量损失，在越野车辆中，由振动所造成的能量损失可以被回收/重新捕获以用于车辆悬架系统。接下来，分析具有功率谱密度（PSD）道路轮廓的随机道路激励下越野车辆悬架系统的能量收集，以及谐波道路轮廓下的能量收集，结果表明，能量回收与系统的频率、振型以及簧载质量和非簧载质量之间的相对速度和路面形状密切相关。

主动悬架虽然有着出色的性能，但与其他技术例如电磁阀和磁流变（MR）液阻尼器以及机械再生阻尼器相比，却有着耗能、笨重、成本高等缺点。机械馈能式悬架的好处在于可以将蓄能器添加到当前的液压或气动悬架中，并减少主动控制振动时的能量需求，然而它的主要缺点就是频率较低且响应较慢。

可回收的最大能量是由黏性阻尼 c_2 耗散的能量，瞬时阻尼力与悬架速度成正比，瞬时功率为力乘以悬架速度。因此，瞬时功率消耗为

$$P = c_1 \left(\dot{y}_2 - \dot{y}_1 \right)^2 \tag{4.1}$$

如果打算产生可回收的能量，则有：

$$W = \int P \mathrm{d}t = \int c \, (\dot{y}_1 - \dot{y}_2)^2 \mathrm{d}t \tag{4.2}$$

单位时间内，每秒钟的功单位为 J，与上式中的功率密切相关，因此，可以通过功率收集指数来计算收集的能量。

因此，减振器的平均功率与悬架速度的均方（而不是均方根）成正比，在这两者之间收集能量就必须使用一个阻尼系数大于期望值的悬架。

通过在车辆中使用优化的再生磁性减振器来节能是一种非常有效的解决方案，因为这种减振器可以将损耗的机械能转换为电能并将其储存起来，以此来提高电动车的能量效率，使电池的运行时间更长。

簧载质量和非簧载质量以及被动阻尼系数如图 4.1 所示，F_a 是主动悬架系统中执行器的主动力，由控制策略决定。对于单自由度系统，我们已经在平顺性章节中讨论了其一般性方程，而对于二自由度主动悬架系统来说，主要方程如下所示：

$$\begin{aligned} m_s \ddot{y}_2 &= - k_2 (y_2 - y_1) - c_1 (\dot{y}_2 - \dot{y}_1) - F_a \\ m_u \ddot{y}_1 &= k_2 (y_2 - y_1) - k_1 (y_1 - y_b) + c_1 (\dot{y}_2 - \dot{y}_1) + F_a \end{aligned} \tag{4.3}$$

可以将道路的不规则性看作是基本的谐波形式，例如正弦波 [即 $y_b = Y \sin (\omega t)$]或者随机变化的函数，例如位移功率谱密度（PSD），单位为 m^3/周期。

$$PSD(v) = S_0 v^\beta / v_0^\beta = G_r v^\beta \tag{4.4}$$

式中，v 是空间频率（周期/m）；v_0 是参考空间频率，$v_0 = 1/2\pi$；S_0 是 v_0 对应的位移功率谱密度；G_r 是道路粗糙度系数；指数 β 通常近似为 2。

基于所采用的系统不同，例如压电系统或者电磁系统，簧载质量和非簧载质量之间的相对速度会产生一个势能 $[P = c_1 (\dot{y}_2 - \dot{y}_1)^2]$，该势能受弹簧力的影响很大 $[k_1 (y_1 - y_b)]$，由此可知，路面粗糙度引起的悬架平均功率与粗糙度系数 G_r、车辆行驶速度 V 以及轮胎刚度 k_1 成正比。

图 4.2 考虑了单自由度四分之一车辆模型。汽车在谐波路面上行驶的模型如图 4.3 所示。

通过对所提出的质量 - 弹簧 - 阻尼器系统的动态响应进行研究，以确定由路面不平整和悬架振动引起并由悬架系统所回收的势能大小，与传统液压减振器不同，再生减振器会将悬架系统中的振动能量转换为电能，众所周知，这种电能可用于混合动力汽车和电动汽车。我们可以建立出这个系统的运动方程如下：

$$m \ddot{y}_1 + c_1 (\dot{y}_1 - \dot{y}_b) + k (y_1 - y_b) = 0 \tag{4.5}$$

假设 $y_1 - y_b = u$，则方程可以被写为

$$m \ddot{u} + c \dot{u} + k u = m \ddot{y}_b \tag{4.6}$$

如果将道路的不平整看作是基本的谐波方程，例如正弦波[即 $y_b = Y \sin (\omega t)$]。则方程中的 $\ddot{y}$ 乘以 $- \omega^2 Y \sin (\omega t)$：

$$m \ddot{u} + c \dot{u} + k u = m \omega^2 Y \sin \omega t \tag{4.7}$$

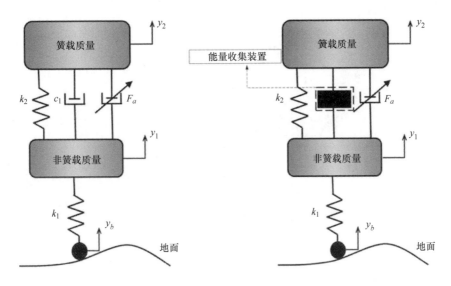

图 4.1　簧载质量和非簧载质量以及被动阻尼系数（c_1）

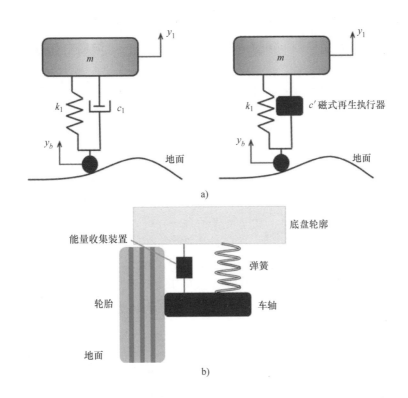

图 4.2　a）汽车悬架能量收集的单自由度系统和 b）双质量压电能量收集器

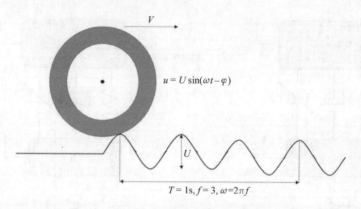

图 4.3   典型的谐波路面轮廓以及谐波方程

考虑到 $u = U\sin(\omega t - \varphi)$：

$$U = \frac{m\omega^2 Y}{\sqrt{(k - m\omega^2)^2 + c^2\omega^2}} \tag{4.8}$$

可回收能量可以通过下式进行计算：

$$P = c_1 \dot{u}^2 \tag{4.9}$$

将式（4.9）中的 $\dot{u}$ 替换为 $\dot{u} = \omega U\cos(\omega t - \varphi)$，则在一个周期中耗散的能量如下所示：

$$E = c\omega^2 U^2 \int_0^{\frac{2\pi}{\omega}} \cos^2(\omega t - \varphi)\,\mathrm{d}t = \pi c\omega U^2 \tag{4.10}$$

每个周期的功率为

$$P = \frac{E}{\frac{2\pi}{\omega}} \tag{4.11}$$

结合式（4.10）和式（4.11），功率可表示为

$$P = \frac{cm^2\omega^6 Y^2}{2[(k - m\omega^2)^2 + c^2\omega^2]} \tag{4.12}$$

如果最大的路面输入用 $Y_{\max}$ 来表示，则 $Y_{\max}$ 可用下式进行计算：

$$Y_{\max} = \frac{\sqrt{(k - m\omega^2)^2 + c^2\omega^2} \times U_{\max}}{m\omega^2} \tag{4.13}$$

功率可写为

$$P = \frac{cm\omega^4 Y U_{\max}}{2\sqrt{(k - m\omega^2)^2 + c^2\omega^2}} \tag{4.14}$$

无量纲功率如下所示：

$$P_d = \frac{P}{m\omega^3 YU_{max}} = \frac{\zeta \times \eta}{\sqrt{(1-\eta^2)^2 + (2\zeta\eta)^2}} \tag{4.15}$$

相对于阻尼比 ζ 和频率比 η 的无量纲功率 p_d 变化如图 4.4 所示。显然，阻尼比越高，耗散功率（回收功率）也会增加，共振发生时的频率比为 1，这是不一致的。

由于无量纲功率不能说明车辆速度对功率大小的影响。因此，实际功率可表示为

$$P = \frac{m\omega^3 YU_{max}\zeta\eta}{\sqrt{(1-\eta^2)^2 + (2\zeta\eta)^2}} \tag{4.16}$$

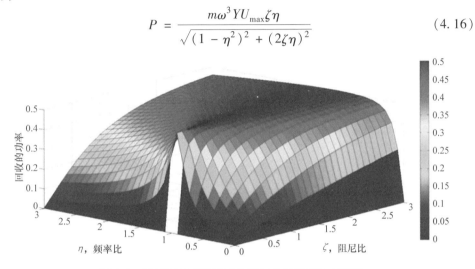

图 4.4　无量纲功率随相应的阻尼比和频率比的变化

与阻尼比、频率比相对应的功率如图 4.5 所示，可以看出，频率较大时获得的功率也会较大，功率与频率的三次幂成正比，当激励频率等于其固有频率时，产生的功率更大，且功率与频率的三次幂成正比。

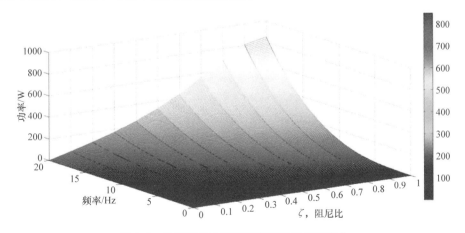

图 4.5　收集到的功率随频率和阻尼比的变化

目前有关车辆再生减振器的研究主要集中在系统开发上，该系统可以利用电磁材料从车辆的振动中产生电能，而减振器与悬架弹簧是平行放置的，悬架弹簧必不可少地会耗散掉一部分的车辆振动能量，因此，不能充分吸收和转移来自悬架系统的动能（图4.5）。此外，电磁材料的转换效率不是很高，目前可用的振动电转换机制主要有电磁式、静电式和压电式三种，而三种能量转换方式中压电式转换的效率是首选的，远远地高于其余两种，动能随时间和频率的变化如图4.6所示。

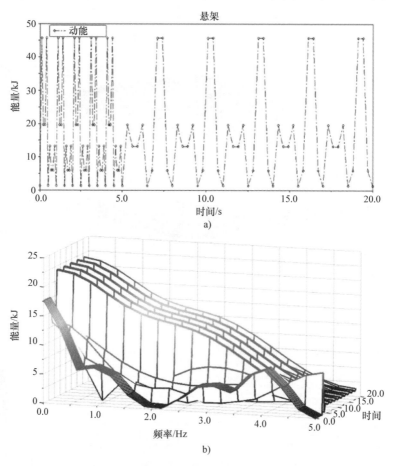

图 4.6 动能随时间（a）和频率（b）的变化

图4.7和图4.8描述了在可以用功率谱密度来表示的路面上，非簧载质量和道路表面之间的相对加速度以及轮胎在垂直方向上的位移。图4.9为车辆在40m/s速度下的典型位移曲线，并观察到了簧载质量和非簧载质量在最大振幅为0.13m的随机横向道路激励下相对峰值之间的冲击位移。簧载质量与非簧载质量的相对位移对于汽车的乘坐舒适性来说也是十分重要的，此外还展示了车辆在随机不规则道路激励下行驶时，30s内簧载质量和非簧载质量之间的位移是怎样变化的。

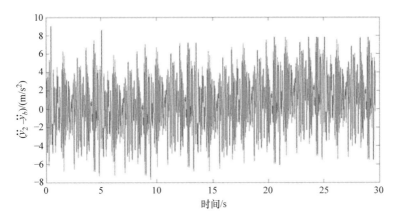

图 4.7　非簧载质量和路面之间的相对加速度

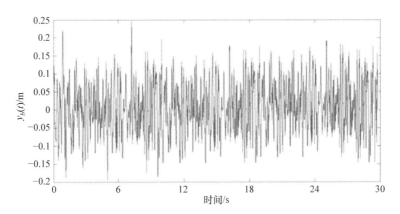

图 4.8　道路轮廓的横向位移

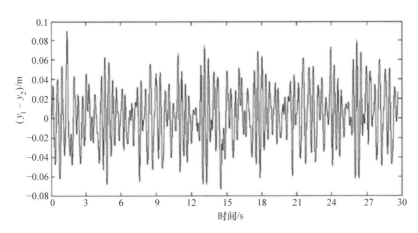

图 4.9　簧载质量和非簧载质量之间的相对位移

图 4.10 是在图 4.7、图 4.8 和图 4.9 所示数据以及汽车速度在 5 ~ 60m/s 时簧载质量与非簧载质量之间相对速度的基础上得到的可回收功率均方根。结果表明，在 60m/s 的速度下，最大的可收获功率为 67.5W，在 5 ~ 40m/s 的速度范围内，能量收集的趋势是线性的，而在这个范围之后，由曲线的形状特征可以看出斜率大大下降。

图 4.11 所示为受扰动的车辆系统中，道路不平顺性对悬架挠度、轮胎变形和车身加速度的频率响应。在对于实际应用更重要的 0 ~ 10rad/s 较低频率范围内，当使用有能量回收装置的主动悬架系统时，第一个峰值会降低，这减少了轮胎的变形（由于滚动阻力而成为能量耗散的一个重要指标），还降低了与平稳性指标密切相关的车身加速度。

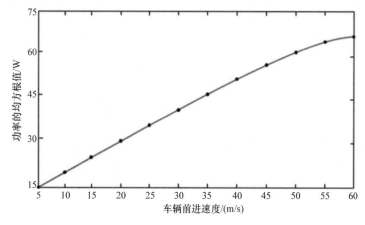

图 4.10 可收获功率（基于电力的电磁）的均方根与车辆速度的变化

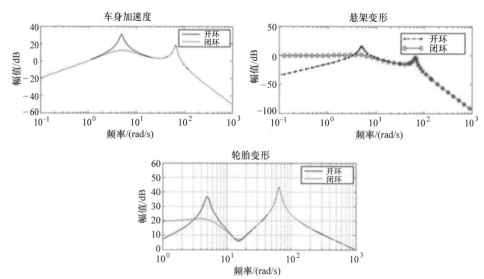

图 4.11 受扰动的车辆系统中，道路不平顺性对悬架变形、轮胎变形和车身加速度的频率响应

4.2.2　轮胎能量的收集

为 TPMS（轮胎压力监测系统）提供能量的轮胎能量收集系统一直是动力学领域的研究热点，它可以减少系统的维护和运行成本，但是，如果监测系统以电池作为能量源，电池中的有害物质就可能会被排放到环境中，从而造成环境污染，因此在实际应用中，采用功能系统进行能量收集的技术出现了一些新趋势，其核心基本原理是利用机械振动作为自己的能量源。值得注意的是，能量回收的本质是将周围的能量（通常是机械能）转换为电能来运行一些小型仪器（例如 TPMS），该过程通常是由一个系统或者两个系统协同来完成的。最常用的动能产生系统包括电磁能收集、静电能收集、压电能收集和热能收集，以及磁致伸缩、摩擦电和电活性聚合物。每种系统都有各自的优缺点，文献中对上述系统进行了大量的研究和比较，以确定最佳的轮胎能量收集系统，每个系统的最终目的都是开发出一个有竞争力的无电池轮胎压力监测系统，并在实验室和道路上测试系统的可行性。该系统的能量可以通过充气轮胎连续的变形来提供，变形又被分为两种形式：轮胎在和地面之间接触面上的变形和轮胎的振动。轮胎变形取决于轮胎材料、轮胎载荷、轮胎的充气压力和轮胎与地面之间的相互作用等参数。

4.2.2.1　电磁法收集能量

附着在质量块上的电磁线圈相对于稳定磁铁的线性运动是电磁法背后的理论依据（图 4.12），根据法拉第电磁感应定律，轮胎的周期性变形和振动使得线圈的质量分量相对于磁铁做线性相对运动，从而在线圈中产生电流。尽管线性振动是电磁能量采集器最典型的配置，但在文献记载中，有很大一部分能量采集器采用的是悬臂梁系统，在悬臂梁的自由端附着有振动质量块，可以同时容纳线圈或者磁铁，从而产生电能。据文献记载，电磁能量系统的振动频率为几百赫兹，能够提供的功率范围[18]为 $0.3 \sim 800\mu W$，在这方面，Glynne - Jones 等人演示了一种能够提供 $157\mu W$ 功率的电磁发电机。假设磁场为 0.1T，自由空间的磁导率为 $4mJ/cm^3$，Roundy 等人对电子转换器的最大能量密度进行了估计，总的来说，能量密度是磁场强度的关键。由于电磁法的性能与系统振动性能密切相关，因此可以对弹簧 - 质量系统中的弹簧进行设计，其中系统的共振频率就是采集器运行的激励频率，但这也意味着这种方法仅限于在某个频率范围内使用。这些系统最重要的优点是设计和操作条件比较简单，这是由于非接触条件提高了各个组件的精度和折旧率，但是主要的缺点就是整个系统的尺寸较大，需要嵌入轮胎中，输出电压低，功率密度低。

4.2.2.2　静电法收集能量

这种方法的核心思想是夹在两块相对运动平板之间的介质电容器的电压感应，电容器上的电压取决于储存的电荷、电极间距、电极面积和介质的介电常数。这种类型的采集器是基于与振动相关的电容器的电容变化，而这种变化是轮胎振动引起的，振动隔离了可变电容器带电的极板，因此，在需要极化源运行时，机械能转换

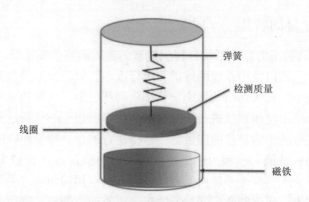

弹簧

检测质量

线圈

磁铁

图 4.12 一种典型的电磁式能量采集器

为电能。

电容器中获得的电压取决于存储的电荷、电容器材料、极板之间的距离、电极的位移和面积。为此，有两种实用方法：在机械振动过程中，电位稳定时电荷随着电极距离的减小而增加，电容器两端的电势（V）会发生变化（$Q = CV$），其中 Q 为电荷，C 为可变电容器，在第二种方法中，电荷恒定时电压随着电容器的减小而增加。这两种情况都会使存储在电容器上的能量增加，并且可以提取出来为设备供电。由于周围环境振动通常振幅较小，因此使用质量弹簧系统会产生共振现象，与振动幅度相比，可移动质量的相对运动幅度会增大，从而增加了采集到的功率。当电场是 $30V/\mu m$ 且自由空间的介电常数已知时，静电转换器可收集到的能量最大为 $4mJ/cm^3$。通常来讲，静电设备适用于小型的能量采集器，而电磁转换器适用于大型设备，但是与电磁能量收集系统不同，静电系统可兼容微型机械，并且可以与 MEMS 系统进行功能集成，该系统具有输出电压大、体积小、简单方便、成本低等优点，无驻极体转换器没有直接的机械能和电能，因此主要缺点是需要持续的预充电，此外，电容的电极之间还存在着接触的风险。

4.2.2.3 压电法收集能量

还可以使用在施加应力或应变时产生电荷的压电材料（图 4.13）来收集能量，当受到机械应力或应变时，某些特定类型的材料中会产生感应电荷，压电效应可以理解为晶体材料中机械状态和电状态之间线性的机电相互作用，没有空间的反演对称性。压电设备在量化压力、加速度、温度、应变和力的过程中都得到了广泛应用，这种极化效应是材料的固有特征，电能是材料对机械能的响应而产生的，该电流是通过逆压电效应将机械振动转化为压电变形而产生的交流电。这种方法继承了微机械加工和微器件集成的优点，尽管应用这个系统有很多不同的类型，但最常见的还是悬臂梁共振结构，可以使机械振动转化为电能。在这种情况下，悬臂梁中包含有压电材料，同时在梁的末端插入惯性质量，压电元件中有一个充电电路和一个存储缓冲器，因此，压电振动能量采集器是在惯性质量的基础上工作的，其中带有压电层的悬臂受到悬臂末端振动源的共振，而振动源则来自于轮胎滚动，文献中有基于尖端质量压电能量采集的悬臂梁研究。与电磁能量采集器相比，这种方法可以在更大的共振频率范围内使用，同时，在振动引起的机械变形和产生的电量之间存在着密切关系，施加的频率越高，产生的电量越大。电荷量的多少取决于压电材料以及施加在材料上的机械变形大小，根据文献研究记载，用安全系数为 2 的锆钛酸铅材料可以收集的压电能量最大为 17.5mJ/cm³。这个系统具有鲁棒性好、可靠性高、无须控制、输出电压高等优点，由于系统安装在在轮胎内部，故轮胎内壁可以作为该系统的外壳，轮胎在行驶过程中的变形会带来加速度，尤其是在不规则的路面上行驶时加速会更严重，在加速度超出预期值时，系统有被机械损坏的风险，尽管该系统具有一定的优越性，但由于与材料性能相关的耦合系数存在缺陷，因此在经济上并不方便添加。此外，与静电能量采集系统相比，系统的尺寸也是个难点。

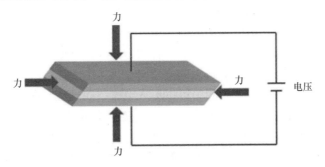

图 4.13　压电能量采集系统

4.2.2.4　热能量采集系统

物理中的塞贝克效应是说，在两个半导体材料组成的闭合回路中，两个材料之间的温度梯度会使产生的电势将热能转化为电压，也被称为热电效应，是温度梯度到电压的直接转换。可以用下式来表示：

$$V_g = \alpha_{a,b} \Delta T \tag{4.17}$$

式中，V_g 是电压；ΔT 是温度差；$\alpha_{a,b}$ 是塞贝克系数。

热能量采集器，也叫作热电能量采集系统，包括热电发电机、散热器、电压调节器和能量存储设备，还需要一个热源来产生热量梯度（图 4.14）。

这种方法广受人们的关注，因为在汽车中，许多地方都会产生大量的热能，包括发动机室、排气系统和制动系统[13]，然而这种系统一般安装在轮胎内，因为轮胎产生的热能作为轮胎在地面上行驶以及滚动阻力的副产品，是一个非常大的能量耗散源。其主要缺点为价格昂贵，同时必须提供稳定的温度梯度。

由于各个元件的热阻不同，元件内部存在着热流，而微加工的目的则是在微型机电系统（MEMS）中采用热梯度法，但由于很难提供稳定的热梯度，因此较为困难。

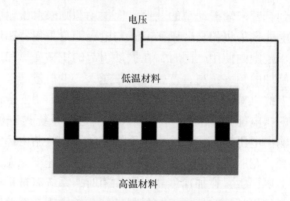

图 4.14　热能量采集系统

4.2.2.5　磁致伸缩、电活性聚合物和摩擦电材料

一般来说，能量采集系统最主要的类型是静电系统、电磁系统和压电系统，但此外还包括磁致伸缩、摩擦电和电活性聚合物。磁致伸缩材料包括铁磁性部件，它的尺寸和几何形状都会随着外部磁场的变化而变化，由于磁场的旋转，随机放置的磁铁会重新排列，这些电源在线圈中可以形成电流，同理也会在轮胎的机械振动中形成电流。在对材料施加机械力时，会形成逆磁致伸缩效应，材料会产生一个磁场，这个磁场作用在线圈上时会产生电流进而获得电能。摩擦起电是一种接触型电流采集，当两个表面之间存在摩擦性接触，且在两表面之间有一个空间，此时某些确定的材料就会带电，将产生的电量输出取决于接触时间、材料种类和特性、接触区域以及循环接触。更多摩擦起电领域发展的详细信息请参见文献［34，35］。

电活性聚合物在传感器、换能器和执行器上的应用越来越广泛，这些材料的主要特点都是当施加一个外部载荷时，会产生较大变形。电活性聚合物有两种主要类型，电介质和离子型。虽然电活性聚合物的能量密度大约为 550mJ/g，但都是基于一些宽度为几微米的薄膜，因此需要一个较大的发电机来提供能量。文献中针对采集能量的不同途径记载了这种方法的发展前景，这种方法的优点是具有较大的应变能力，缺点是对外部电压有需求。

4.2.3　制动能量的收集

能量回收的一个重要来源是车辆的零件，例如悬架系统、轮胎、制动系统、发动机振动等，其目的是为微电子设备、传感器、执行器和无线系统供电，以及优化燃油消耗。制动能量作为能量收集的一个来源，可以分为制动垫片接触式和非接触式。Han 等人提出了一种能够在制动和非制动过程中从转盘结构中收集能量的方法，该方法综合了摩擦电和静电感应等方法并将其应用于车辆和火车上。利用热电发电机对制动片中废弃热能的回收进行试验研究，根据文献记载，一辆重型汽车在制动过程中大约会将 400～3000kW 的能量转化为热量浪费掉。然而其中的一个难点就是找到一个最佳尺寸的系统能够很好地与制动系统相匹配，热电发电机（TEG）就是解决该问题的一个很好的选择，而摩擦电纳米发电机（TENG）则在能量收集方面表现出了良好的适用性。很明显可以看出，制动过程中绝大多数的能量都是被转换成热量耗散掉的，而耗散能量的多少取决于前进的速度和车辆质量，在制动过程中，有许多不同类型的能量收集/回收系统，例如混合动力汽车通常采用的再生制动系统。再生制动器是一种能量收集装置，它可以使车辆减速，并利用电机将动能转换为电能，在某些车辆中，转化的电能以化学能的形式存储在电池中。另一种较为常见的方法是利用飞轮来存储能量，通过把飞轮的转子加速至非常高的速度，将能量保持为旋转能量，而且通过这种方法可以获得较大的最大输出功率。这些系统的最大缺点就是尺寸和重量都较为庞大。热电发电机，即所谓的塞贝克发电机，能够将温度梯度转化为电能，是将制动片中损耗的热能转化为电能最常用的一种方法。

TEG 由半导体材料构成，可以形成电连接的热电偶，热电偶位于两个陶瓷材料表面中间，当出现温度梯度时，设备就会发电。由于一台可靠的热电发电机需要导热性，因此存在着输出电阻高和热特性较差等缺点，但这却可以大大减少设备的热损耗，同时热电发电机价格便宜、体积较小、性能可靠，且由于没有活动的部件或者流体，故没有额外的重量。

考虑到线控制动系统采用机电驱动器代替了传统的液压驱动器，是一个更为紧凑而高效的系统，因此在研究中还对具有自激励和制动能量收集功能的基于磁流变的线控制动系统进行了评估，该系统是一种基于再生式制动的方法，其中典型的单盘式磁流变制动器具有楔式的自激励机构，并使用发电机进行再生制动和制动能量的回收。总而言之，基于不同制动片的热行为和能量回收，采用 TEG 来对耗散的热能进行回收是轻型车辆最常见的制动能量收集系统，尽管该系统对轻型车辆来说并不怎么灵活，此外，它还可以进行一些改动来适用于中型和重型的车辆。通过采用纳米粒子对 TEG 系统进行改进，即摩擦电纳米发电机（TENG），它已被证明在制动系统能量收集方面具有非常广阔的应用前景。

4.3　由车辆动力学引起的能量耗散

由于车辆动力学引起的能量耗散可以分为不同的方面，如运动动力学（如滚动阻力，在第 3 章中已经进行了详细的讨论）。对于越野车辆，还可能有其他来源（例如牵引杆拉力）。牵引杆拉力是前进速度的函数，通常来说，随着前进速度的增加，牵引杆拉力在减小（由于阻力增加以及传动系统的传动比减小），牵引杆拉力是指在规定的速度下，克服阻力所需的牵引力和可用牵引力之间的差值，阻力可能来源于道路的不平整、障碍物和在坡道上行驶，换句话说，牵引杆拉力是在牵引杆处，汽车用来加速或者拖曳另一辆汽车的水平力的值。

通过测力计测量出可用牵引力的大小，然后将其与滑行数据结合起来，得到每一速度下的可用牵引力，进而得到汽车的牵引杆拉力。可能最常见的牵引杆拉力的例子就是在火车轨道上，火车头拉动一长列装满货物的车厢，这就是牵引杆拉力。

为了计算车辆的牵引杆拉力，需要将发动机的转矩和齿轮减速器的减速比（包括轴和变速器）相乘，然后再除以车辆的轮胎半径。换句话来说，这是车辆所能承受的最大拉力，在确定实际的（或纯）牵引杆拉力时，必须对车辆的滚动阻力进行区分。牵引杆拉力是牵引力减去滚动阻力，因此第 3 章中讨论的牵引杆拉力是造成能量消耗的另一个主要来源。另一种形式的能量消耗是轮式车辆与障碍物的相互碰撞。

当车轮与障碍物相互碰撞时，若测量出垂直方向和纵向的诱导力（图 4.15），则被浪费的功率可以计算如下：

$$PO = \frac{F \times dx}{dt} = F \times V \tag{4.18}$$

式中，PO 是功率（W）；F 是力（N），有垂向和纵向两个分量；V 是前进的速度（m/s）。因此耗散的能量如下：

$$E = \int P dt \tag{4.19}$$

结合式（4.18）和式（4.19）可得：

$$E = \int F V dt \tag{4.20}$$

但是事实上速度是一个向量，它包含垂向和纵向两个分量：

$$\vec{V} = \dot{x}i + \dot{y}j \tag{4.21}$$

车轮的路径受到障碍物几何形状的影响如下：

$$y = \sin\frac{2\pi}{l}x \quad (0 < x < 2\pi) \tag{4.22}$$

三角形障碍物可以通过下述方程进行描述：

$$y = \begin{cases} ax & x < \dfrac{l}{2} \\ -ax & x > \dfrac{l}{2} \end{cases} \tag{4.23}$$

式中，l 是障碍物的长度；a 是具有所需高度障碍物的坡度。除了障碍物的几何形状（图 4.16）之外，由车辆与障碍物接触而导致的能量耗散还取决于多种因素，例如障碍物和车轮碰撞的速度、轮胎滑移率、车轮负载、轮胎充气压力等。

Taghavifar 等人开发出了一种多元回归技术，可用于预测能量损失作为输出变量的函数，如下所示：

$$E = -0.23943 + (4.80147 \times V) + (0.02701 \times HW) + (0.09068 \times H^2 V) + (0.12042 \times VHSW)$$

式中，E 是损耗的能量（kJ）；W 是车轮负载（kN）；S 是轮胎的滑移率（%）；V 是速度（m/s）；H 是障碍物高度（cm）。

由车轮和障碍物相互碰撞而产生的能量损失作为车轮载荷、滑移率、前进速度和障碍物高度的函数，其结果和变化如图 4.17～图 4.19 所示。

可以看出，由于车轮需要保持其在地面上的恒定运动，并克服诸如障碍物高度增加的干扰，因此随着车轮载荷、前进速度、滑移率和障碍物高度的增加，能量损耗也会增加，从而需要车辆获得更大的能量，这就意味着由于引入了参数，能量损耗的比例增大了。

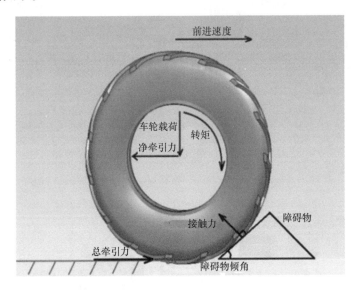

图 4.15　车轮与障碍物碰撞时的受力图，用于确定该碰撞引起的能量损失

不同高度的半圆形障碍物　　　　　　　不同高度的梯形障碍物

a)

图 4.16　a）所用的障碍物的说明和 b）车轮试验机穿过不同形状的障碍物

b)

图 4.16 a）所用的障碍物的说明和 b）车轮试验机穿过不同形状的障碍物（续）

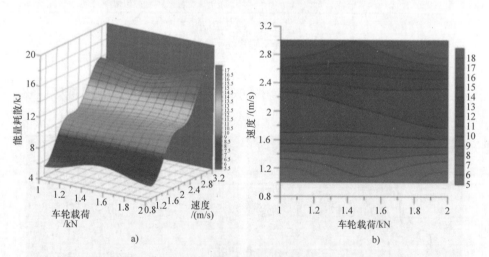

a)   b)

图 4.17 a）能量损耗相对于速度和车轮载荷的三维演示和 b）能量损耗相对于速度和
车轮载荷的等值线图

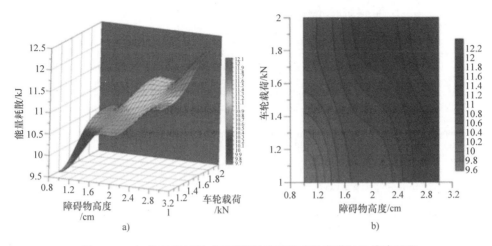

图 4.18　a）能量损耗相对于障碍物高度和车轮载荷的三维演示和

　　　　b）能量损耗相对于障碍物高度和车轮载荷的等值线图

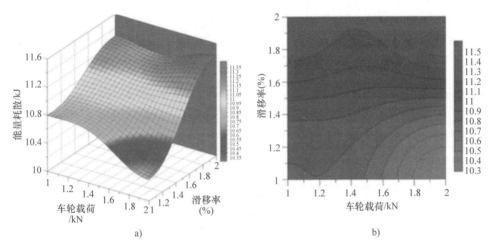

图 4.19　a）能量损耗相对于滑移率和车轮载荷的三维演示和

　　　　b）能量损耗相对于滑移率和车轮载荷的等值线图

参 考 文 献

1. Taghavifar, H., & Mardani, A. (2014). Analyses of energy dissipation of run-off-road wheeled vehicles utilizing controlled soil bin facility environment. *Energy, 66*, 973–980.
2. Tiwari, G. S., & Pandey, K. P. (2008). Performance prediction of animal drawn vehicle tyres in sand. *Journal of Terramechanics, 45*(6), 193–200.
3. Pandey, K. P., & Tiwari, G. (2006). Rolling resistance of automobile discarded tyres for use in camel carts in sand. In *ASABE Annual International Meeting*. St. Joseph-Mich: ASABE. ASABE Paper No. 061097.

4. Wong, J. Y. (1984). On the study of wheel-soil interaction. *Journal of Terramechanics, 21*(2), 117–131.

5. Kurjenluoma, J., Alakukku, L., & Ahokas, J. (2007). Rolling resistance and rut formation by implement tyres on tilled clay soil. *Journal of Terramechanics, 46*(6), 267–275.

6. Taghavifar, H., Mardani, A., & Taghavifar, L. (2013). A hybridized artificial neural network and imperialist competitive algorithm optimization approach for prediction of soil compaction in soil bin facility. *Measurement, 46*(8), 2288–2299.

7. Shmulevich, I., & Osetinsky, A. (2003). Traction performance of a pushed/pulled drive wheel. *Journal of Terramechanics, 40*, 33–50.

8. Battiato, A., & Diserens, E. (2013). Influence of tyre inflation pressure and wheel load on the traction performance of a 65 kW MFWD tractor on a cohesive soil. *Journal of Agricultural Science, 5*(8), 197–215.

9. Elwaleed, A. K., Yahya, A., Zohadie, M., Ahmad, D., & Kheiralla, A. F. (2006). Net traction ratio prediction for high-lug agricultural tyre. *Journal of Terramechanics, 43*, 119–139.

10. Zuo, L., & Zhang, P. S. (2013). Energy harvesting, ride comfort, and road handling of regenerative vehicle suspensions. *Journal of Vibration and Acoustics, 135*(1), 011002.

11. Khoshnoud, F., Sundar, D. B., Badi, M. N. M., Chen, Y. K., Calay, R. K., & De Silva, C. W. (2013). Energy harvesting from suspension systems using regenerative force actuators. *International Journal of Vehicle Noise and Vibration, 9*(3–4), 294–311.

12. Xie, X. D., & Wang, Q. (2015). Energy harvesting from a vehicle suspension system. *Energy, 86*, 385–392.

13. Bowen, C. R., & Arafa, M. H. (2015). Energy harvesting technologies for tire pressure monitoring systems. *Advanced Energy Materials, 5*(7).

14. Worthington, E. (2010). Piezoelectric energy harvesting: Enhancing power output by device optimisation and circuit techniques.

15. Bouendeu, E., Greiner, A., Smith, P. J., & Korvink, J. G. (2011). A low-cost electromagnetic generator for vibration energy harvesting. *IEEE Sensors Journal, 11*, 107–113.

16. Shen, D., Park, J. H., Ajitsaria, J., Choe, S. Y., Wikle, H. C, I. I. I., & Kim, D. J. (2008). The design, fabrication and evaluation of a MEMS PZT cantilever with an integrated Si proof mass for vibration energy harvesting. *Journal of Micromechanics and Microengineering, 18*(5), 055017.

17. Erturk, A., & Inman, D. J. (2009). An experimentally validated bimorph cantilever model for piezoelectric energy harvesting from base excitations. *Smart Materials and Structures, 18*(2), 025009.

18. Saha, C. R., O'Donnell, T., Loder, H., Beeby, S., & Tudor, J. (2006). Optimization of an electromagnetic energy harvesting device. *IEEE Transactions on Magnetics, 42*, 3509.

19. Glynne-Jones, P., Tudor, M. J., Beeby, S. P., & White, N. M. (2003). An electro-magnetic, vibration-powered generator for intelligent sensor systems. *Sensors and Actuators, 1–3*, 344–349.

20. Roundy, S., Wright, P. K., & Rabaey, J. M. (2004). *Energy scavaenging for wrieless sensor networks*. New York: Kluwer Academic Press.

21. Kubba, A. E., & Jiang, K. (2014). A comprehensive study on technologies of tyre monitoring systems and possible energy solutions. *Sensors, 14*(6), 10306–10345.

22. Wang, L., & Yuan, F. (2008). Vibration energy harvesting by magnetostrictive material. *Smart Materials and Structures, 17*, 045009.

23. Worthington, E. L. (2010). *Piezoelectric energy harvesting: Enhancing power output by device optimisation and circuit techniques, in school of applied sciences microsystems and nanotechnology centre*. Ph. D. thesis, Cranfield University: Cranfield, UK, 30 August 2010.

24. Stephen, B., & White, N. (2010). Chapter 4 kinetic energy harvesting. In *Energy harvesting for autonomous systems* (pp. 90–131). Norwood, MA, USA: Artech House.

25. Boisseau, S., Despesse, G., & Seddik, B. A. (2012). *Electrostatic conversion for vibration energy harvesting*. arXiv preprint arXiv:1210.5191.

26. Kroener, M. (2012). Energy harvesting technologies: Energy sources, generators and management for wireless autonomous applications. In *9th International Multi-Conference on Systems, Signals and Devices, Chemnitz, Germany*, 20–23 March 2012.

27. Manoli, Y. (2010). Energy harvesting—from devices to systems. In *Proceedings of the ESSCIRC, Seville, Spain*, 14–16 September 2010.

28. Gautschi, G. (2002). *Piezoelectric sensorics: Force, strain, pressure, acceleration and acoustic emission sensors, materials and amplifiers*. Berlin: Springer.

29. Wu, L., Wang, Y., Jia, C., & Zhang, C. (2009). Battery-less piezoceramics mode energy harvesting for automobile TPMS. In *ASICON '09, Changsha*.

30. Chen, Y., & Pan, H. (2011). A piezoelectric vibration energy harvester for tire pressure monitoring systems. In *Proceedings of Symposium on Ultrasonic Electronics*.

31. Mak, K. H., McWilliam, S., & Popov, A. A. (2013). Piezoelectric energy harvesting for tyre pressure measurement applications. *Proceedings of the Institution of Mechanical Engineers, Part D, 227*, 842–852.

32. Gao, Z., Sham, M., & Chung, C. H. (2011). *Piezoelectric module for energy harvesting, such as in tire pressure monitoring system*. Patent US8011237B2.

33. Zhang, H. (2011). Power generation transducer from magnetostrictive materials. *Applied Physics Letters, 98*, 232505.

34. Dhakar, L., Liu, H., Tay, F. H., & Lee, C. (2013). A wideband triboelectric energy harvester. *Journal of Physics: Conference Series, 476*, 012128.

35. Guo, X., & Helseth, L. E. (2015). Optical and wetting properties of nanostructured fluorinated ethylene propylene changed by mechanical deformation and its application in triboelectric nanogenerators. *Materials Research Express, 2*(1), 015302.

36. McKay, T. G., Rosset, S., Anderson, I. A., & Shea, H. (2013). An electroactive polymer energy harvester for wireless sensor networks. In *Journal of Physics: Conference Series* (Vol. 476, No. 1, p. 012117). IOP Publishing.

37. Tiwari, R., Kim, K. J., & Kim, S. M. (2008). Ionic polymer-metal composite as energy harvesters. *Smart Structures and Systems, 4*(5), 549–563.

38. Chiba, S., Waki, M., Kornbluh, R., & Pelrine, R. (2008). Innovative power generators for energy harvesting using electroactive polymer artificial muscles. In *The 15th International Symposium on: Smart Structures and Materials & Nondestructive Evaluation and Health Monitoring* (pp. 692715–692715). International Society for Optics and Photonics.

39. Han, C. B., Du, W., Zhang, C., Tang, W., Zhang, L., & Wang, Z. L. (2014). Harvesting energy from automobile brake in contact and non-contact mode by conjunction of triboelectrication and electrostatic-induction processes. *Nano Energy, 6*, 59–65.

40. Pedersen, T. H., Schultz, R. H., & Bertelsen, T. B. *Waste Heat Recovery in Brake Pad using a Thermoelectric Generator*.

41. Zhang, X.-S., Han, M.-D., Wang, R.-X., Zhu, F.-Y., Li, Z.-H., Wang, W., & Zhang, H.-X. (2013). *Nano Letters, 13*, 1168–1172.

42. Lin, L., Wang, S., Xie, Y., Jing, Q., Niu, S., Hu, Y., & Wang, Z. L. (2013). *Nano Letters, 13*, 2916–2923.

43. http://www.tegpower.com/

44. Rosendahl, L. A., Mortensen, P. V., & Enkeshafi, A. A. (2011). Hybrid solid oxide fuel cell and thermoelectric generator for maximum power output in micro-CHP systems. *Journal of Electronic Materials, 40*(5), 1111–1114.

45. Yu, L., Liu, X., Ma, L., Zuo, L., & Song, J. (2014). MR based brake-by-wire system with self-energizing and brake energy harvesting capability. In *ASME 2014 International Design Engineering Technical Conferences and Computers and Information in Engineering Conference* (pp. V008T11A099–V008T11A099). American Society of Mechanical Engineers.

46. Taghavifar, H., Mardani, A., & Hosseinloo, A. H. (2015). Experimental analysis of the dissipated energy through tire-obstacle collision dynamics. *Energy, 91*, 573–578.

第5章 人工智能在建模和优化中的应用

从科学到工程学领域的各个学科中，建模和优化一直是工程师和研究者们最感兴趣的两个领域。建模是指通过利用趋势或者研究中系统的响应代码来预测某个过程或者现象的过程。当有关问题的数据已知时，从数据中提取出一个模型（可以是数学的、统计学的、数值的等），根据这个模型，就可以对相似条件下或者某种特定条件下的问题进行预测。要想对系统进行建模，首先要能够区分系统的参数和边界，然后建立输入系统的参数和输出系统的参数之间的关系，模型可以帮助我们理解系统并研究不同部分的影响，然后对有关的行为做出预测。例如，数学模型就是使用数学概念和理论来描述系统的，有许多不同的形式（不仅限于动力学系统）（统计模型、微分方程和几何模型），这些方法之间可能存在着很大的重叠，但是所有方法都具有逻辑上的共同点。在某种情况下，科学领域的研究质量很大程度上依赖于理论上建立的数学模型的恰当性，即如果重复试验的话，该模型的结果是否能够与经验上的数据一致，当数学模型和试验量化之间的一致性得不到满足时，人们就可能会换而开发其他的一些方法，例如人工智能。

另一方面，优化指的是从所有可能的解决方案中找出最佳元素或解决方案（基于某些预先制定好的标准），优化在数学、基于计算机的解决方案以及人工智能领域具有非常广泛的应用。

优化问题通常包括通过采用对函数有效的预定义约束中的输入，来最大化或最小化已定义的函数，数学是优化概念和技术推广的一个重要应用领域，如上所述，优化包括通过引入一些确定的约束来找到目标函数的最佳可用值。

人工智能（AI）是由人类开发出的软件结合计算机而产生的智能计算技术，它的产生与以下两方面密切相关：一是在科学上，出现了智能系统；二是在技术上，人们有能力去监控一个系统，以及控制和分类系统的模型。人工智能的主要目标是推理、学习知识、感知和系统处理，它可以使系统具有自我控制的能力。

与人工智能类似，计算智能研究的是系统从数据或者试验观察中学习特定模式并扩展到以后的应用（例如建模和优化）中的能力，它是一种方法与技术的结合，这些方法和技术受到大自然的启发，可以克服一些现实生活中复杂的非线性问题，而这些问题可能无法应用传统的数学方法、数值方法或者统计方法来解决，这主要是因为采用数学方法对系统进行分析是比较复杂的，同时还存在着一些不确定性，并且该系统可能具有高度的随机性和非线性，因此无法建模。

5.1　人工智能工具简介

人工智能在车辆地面力学中有一种新的应用，采用图像处理技术来估计轮胎与地面之间的接触面积。基于计算机的系统应该包括用于捕获目标图像的数码相机和用于分析图像的特定开发软件，对这个试验来说，试验工具为一个数码相机（松下 LUMIX DMC – TZ25），一个放置相机的玻璃平面和用于分析图像的 MATLAB 软件。将数码相机放置在滑架的玻璃平面上，在汽车行驶时以恒定的距离拍摄图像，将拍摄到的图像导入至 Adobe Photoshop CS4 软件（Adobe 系统公司的软件），并将其转换为背景色，为了对图像进行处理，还要用 MATLAB 软件来编写算法。

在此示例中，所拍摄的图像是在 RGB 空间拍摄的，利用 HSV 空间中的 s 部分以及 Lab 空间中的 b 部分，可以很好地分离轮胎轨迹和图像背景，两个部分的像素强度均规范化在 0 ~ 1 范围内，然后添加其他的部分并将结果再次规范化在相同范围内。

$$X_1 = (s + b) \tag{5.1}$$

为了更好地分离图像背景和轮胎轨迹，按如下方式使用 Gamma 变换：

$$X_2 = (X_1)^\alpha \tag{5.2}$$

式中，α 的最佳值为 2。为了分离轮胎轨迹和图像背景，需要使用 Ottsu 法获得最佳水平的阈值，同时经过扩张和阈值处理，就可以得到二进制图像。图 5.1 展示了接触区域的图像以及处理后的图像，从二进制图像中提取目标，以 cm² 为单位测量其像素面积（目标区域内的像素数量）和标定区域（目标区域内的像素数量乘以实际值与预测值的比率），在每张图像中使用一个具有预定义尺寸的索引来校准测定结果。

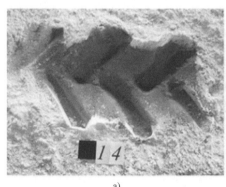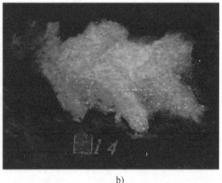

a)　　　　　　　　　　　　　　　　b)

图 5.1　对接触区域的图像（a）进行采样，将图像转换为灰度图像（b，c），以增强图像背景以及轮胎痕迹的分离（d）和阈值处理，得到最终的分析图像

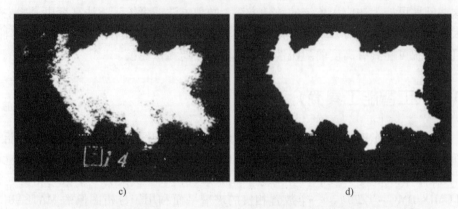

c)　　　　　　　　　　　d)

图5.1　对接触区域的图像（a）进行采样，将图像转换为灰度图像（b，c），
以增强图像背景以及轮胎痕迹的分离（d）和阈值处理，得到最终的分析图像（续）

5.2　用人工神经网络、支持向量机和自适应神经模糊推理系统进行建模

5.2.1　人工神经网络

人工神经网络（ANN）被广泛地应用于解决各种科学和工程领域中的复杂问题，主要用于常规数学模型无法解决的地方，它可以从不完整的数据中学习例子并处理非线性问题，而且如果对其进行训练，就能够进行预测和归纳并且具有很高的性能。人工神经网络是一个用于函数拟合、数据聚类以及模型样本识别的合适工具，同时在控制、机器人、模式识别、预测、医学、电力系统、制造业、优化和信号处理等方面也有着广泛的应用，此外，它已经成功地在模式识别、建模和控制等领域中实现了较好的应用。神经网络模型及其估计能力依赖于训练试验数据，需要用独立的数据对模型进行验证和测试，它能够通过一系列数据来改善自己的性能，利用多个输入变量来有效地预测和建模出多个输出变量。常规模型和数学模型通常都无法预测复杂的非线性问题，并且由于会导致误差增加，还不能通过忽略参数之间的相互作用来简化模型，适当的神经网络拓扑结构对获得具有较低的均方误差（MSE）、均方根误差（RMSE）、较高的决定系数以及在训练、验证和测试期间都具有可靠性能的简单模型来说具有重要意义。人工神经网络的每一个输入乘上突触权重，然后再相加，就得到一个激励函数，而不断地探索输入值和输出值之间的最佳关系正是神经网络的训练过程，经过足够多的重复学习或者足够多迭代次数的训练后就可以建立出模型了。可以使用多层感知器（MLP）类型的神经网络来计算依赖于网络结构（拓扑、连接、神经元数量）及其操作参数（学习率、动量等）的模型，网络结构的定义形式对其学习速度、泛化能力、容错能力和学习精度都有

着显著影响。

5.2.2　自适应神经模糊推理系统（ANFIS）

软计算方法是解决困难问题的一种粗略方法，在科学和工程领域有着广泛的应用。自适应神经模糊推理系统（ANFIS）是一个基于神经网络的模糊逻辑系统，作为一个全局逼近系统，它综合利用了两种建模方法的优点。其中，用人工神经网络来确定模糊推理系统的参数，最早是由 Jang 等人提出的，他们利用模糊集系统的隶属函数构造了一组模糊 IF‐THEN 规则来提供输入‐输出映射，Sugeno 是典型的模糊推理系统类型之一，本书采用该系统来综合车辆在粗糙和不规则地形上行驶所消耗的能量。模糊推理系统的基本组成结构包含三个概念性的部分：①规则库，包括一系列的模糊规则；②数据库，它定义了模糊规则中使用的隶属函数；③推理机制，根据规则和给定的事实执行推理过程，进而得出合理的输出或结论。

模糊神经网络将神经系统的数值能力与模糊系统的语言能力相结合，是一种很有前途的建模方法，该模型建立在利用专业知识开发出的一套语言规则上。自适应神经模糊推理系统模型的模糊规则库是结合了所有类别的变量建立出的，从图 5.2 可以看出，典型的 ANFIS 结构包括 6 层，第一层是隶属函数（MF），最常见的隶属函数包括三角函数和钟形函数。

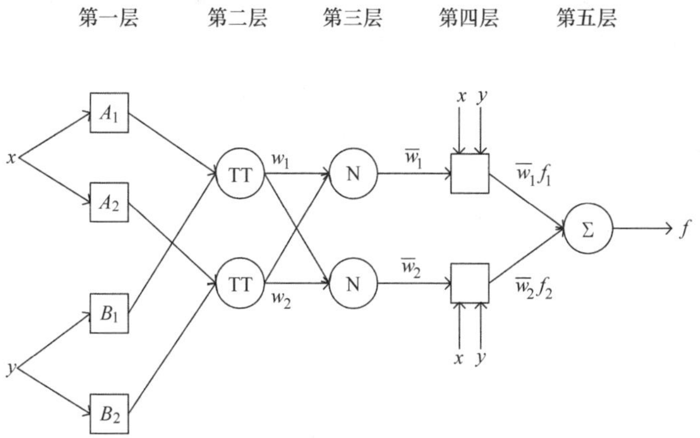

第一层　　第二层　　第三层　　第四层　　第五层

图 5.2　Takagi‐Sugeno 模糊系统结构原理图

带有两个模糊 IF‐THEN 规则的一阶 Sugeno 模糊模型的典型规则集如下所示：

规则 1：如果 $x = A_1$ 且 $y = B_1$ 则 $f = p_1 x + q_1 y + r_1$

规则 2：如果 $x = A_2$ 且 $y = B_2$ 则 $f = p_2 x + q_2 y + r_2$

包括输入层在内，ANFIS 总共有 6 层结构，为了避免连篇累牍，作者在此只进行了简要的概述。

1）第一层是输入层，节点个数为 n，其中 n 代表系统的输入个数。

2）第二层是模糊化层，其中每个节点都代表一个隶属函数。节点 i 的函数可以表示为

$$O_i^1 = \mu_{Ai}(x), i = 1, 2$$
$$O_i^1 = \mu_{Bi=2}(Y), i = 3, 4 \tag{5.3}$$

3）第三层通过每个节点上的乘法运算符来提供规则的强度。

$$O_i^2 = \mu_{Ai}(x)\mu_{Bi}(y), i = 1, 2 \tag{5.4}$$

4）第四层为泛化层，按下式对规则的触发强度进行泛化处理：

$$\overline{z}_i = \frac{z_i}{z_1 + z_2}, i = 1, 2 \tag{5.5}$$

5）第五层由自适应节点组成，每个自适应节点计算一个线性函数，通过使用前馈神经网络的误差函数来调整其系数（称为后继参数）。

$$\overline{z}_i f_i = \overline{z}_i(p_i x + q_i y + r_i) \tag{5.6}$$

6）第六层具有单个节点，该节点是第五层中节点输入的总和，输出 f 的计算如下所示：

$$f = \overline{z}_1 f_1 + \overline{z}_2 f_2 = \frac{z_1 f_1 + z_2 f_2}{z_1 + z_2} \tag{5.7}$$

自适应神经模糊推理系统用梯度下降法来描述将输入变量映射到输出变量的优化隶属函数的最佳条件，它的基本思想是反向传播的梯度下降法，该方法在输出层到输入节点之间反复地量化误差信号，最终，本书综合使用了梯度下降法和最小二乘法来找出最佳学习参数。

在 50 个训练和测试的过程中，可以使用不同的配置对数据进行分割和重组，以避免出现过拟合。各种隶属函数有：①内置隶属函数，由两个 s 形隶属函数之差组成（dsigmf）；②通用钟形内置隶属函数（gbellmf）；③P 形内置隶属函数（pimf）；④三角形内置隶属函数（trimf）；⑤梯形内置隶属函数（tramf）；⑥高斯曲线内置隶属函数（gaussmf）；⑦s 形内置隶属函数（sigmf）。以上几种隶属函数可以应用在建模的过程中（图 5.3）。

在建模中，通过各种统计标准对已开发模型的性能进行评估是十分有必要的，在此引入均方根误差（$RMSE$）和决定系数（R^2）来对模型的质量进行分析，如下所述：

$$RMSE = \sqrt{\frac{1}{n}\sum_{i=1}^{n}(Y_{predicted} - Y_{actual})^2} \tag{5.8}$$

$$R^2 = \frac{\sum_{i=1}^{n}(Y_{predicted} - Y_{actual})^2}{\sum_{i=1}^{n}(Y_{actual} - Y_{mean})^2} \tag{5.9}$$

式中，Y_{actual} 和 $Y_{predicted}$ 分别是已开发模型的测量值和预测值。

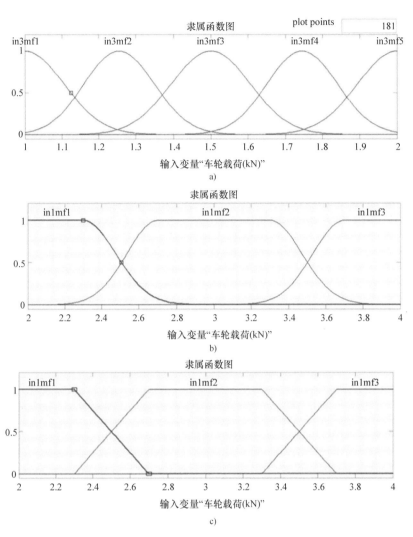

图 5.3　模糊理论下车轮载荷的不同形状的隶属函数
a）高斯曲线内置隶属函数　b）通用钟形内置隶属函数　c）梯形内置隶属函数

5.2.3　支持向量机

支持向量机（SVM）最先是由 Vapnik 基于统计学习理论而提出的一种分类器，可以用于解决分类问题和回归问题，在文献中，支持向量回归（SVR）被用来定义支持向量机回归。在回归问题中，我们的目的是建立一个超平面，以"接近"尽可能多的数据点，因此，要选择范数较小的超平面，同时减小数据点到超平面的距离之和。如图 5.4 所示，ε 不敏感损失函数是一个和训练数据紧密相关的逼近精度相等的管状函数，SVR 的回归估计是根据数据集 $\{(x_i, y_i)\}_n$ 来估计一个函数，其

中 x_i、y_i 和 n 分别表示输入、输出和数据点的数量，回归方程可以分为线性回归方程和非线性回归方程两种。

5.2.3.1　线性支持向量回归

Vapnik 回归模型可以由下式表示：

$$f(x) = \langle w, x \rangle + b \tag{5.10}$$

式中，$f(x)$ 是未知的目标函数；$<.,.>$ 表示 X 中的点积；w 是权重向量。最常见的损失函数是由 Vapnik（2000）提出的 ε 不敏感损失函数，定义如下：

$$L_{\varepsilon}(y) = \begin{cases} 0, & |f(x)-y| \leq \varepsilon \\ |f(x)-y|-\varepsilon, & 其他 \end{cases} \tag{5.11}$$

作为一个凸优化问题，可以写为

$$\text{minimize} \ \frac{1}{2}\|w\|^2 + c\sum_{i=1}^{l}(\xi_i + \xi_i^*) \tag{5.12}$$

$$\text{Subject to} \begin{cases} y_i - \langle w, x_i \rangle - b & \leq \varepsilon + \xi_i \\ \langle w, x_i \rangle + b - y_i & \leq \varepsilon + \xi_i^* \\ \xi_i, \xi_i^* & \geq 0 \end{cases} \tag{5.13}$$

式中，ξ_i 和 ξ_i^* 表示变量满足函数的约束。相应的双重优化问题可以定义为：

$$\max_{\alpha, \alpha^*} \ -\frac{1}{2}\sum_{i=1}^{l}\sum_{j=1}^{l}(\alpha_i^* - \alpha_i)(\alpha_j^* - \alpha_j)\langle x_i, x_j \rangle - \sum_{i=1}^{l} y_i(\alpha_i^* - \alpha_i) - \varepsilon\sum_{j=1}^{l}(\alpha_i^* + \alpha_i) \tag{5.14}$$

约束条件为

$$0 \leq a_i, a_i^* \leq C, \quad i = 1, \cdots, l$$

$$\sum_{i=1}^{l}(\alpha_i^* - \alpha_i) = 0 \tag{5.15}$$

式中，α_i 和 α_i^* 是拉格朗日变量；而 w 和 b 由以下方程表示，其中 x_r 和 x_s 是支持向量：

$$w = \sum_{i=1}^{l}(\alpha_i^* - \alpha_i)x_i$$

$$b = -\frac{1}{2}\langle w, (x_r + x_s) \rangle \tag{5.16}$$

5.2.3.2　非线性支持向量回归

对于非线性回归问题，可以用一个从输入空间到高维特征空间的非线性映射 ϕ，然后在该空间中进行线性回归。非线性模型如下所示：

$$f(x) = \langle w, \phi(x) \rangle + b \tag{5.17}$$

其中

$$w = \sum_{i=1}^{l} (\alpha_i^* - \alpha_i) \phi(x_i) \qquad (5.18)$$

$$\langle w, f(x) \rangle = \sum_{i=1}^{l} (\alpha_i - \alpha_i^*) \langle f(x_i), f(x) \rangle = \sum_{i=1}^{l} (\alpha_i - \alpha_i^*) K(x_i, x) \qquad (5.19)$$

$$b = -\frac{1}{2} \sum_{i=1}^{l} (\alpha_i - \alpha_i^*)(K(x_i, x_r) + K(x_i, x_s)) \qquad (5.20)$$

式中的 x_r 和 x_s 是支持向量。

　　为了评估支持向量回归和人工神经网络在获得不同操作条件对纵向力和横向力影响的适用性，在案例研究中进行了以下的比较描述。图 5.4 所示的是一种带有两个隐藏层的人工神经网络结构，而图 5.5 表示的是软边际损失设置的线性支持向量回归。

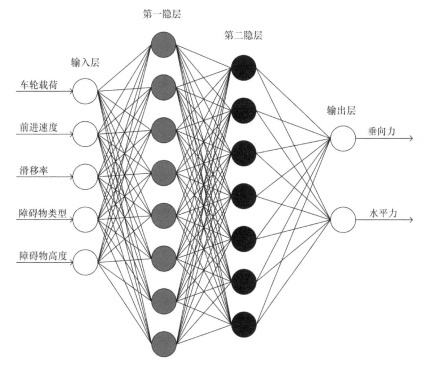

图 5.4　具有两个隐藏层的人工神经网络结构原理示意图

　　一个可控的测试环境对试验结果及其可靠性来说是非常重要的，因此，我们在伊朗 Urmia 大学生物系统机械工程系制造的土槽内使用 SWT 来进行试验，土槽长 24m，宽 2m，深 1m，槽中填满试验用土，整个系统包括土槽、SWT 和车架。SWT 和车架相连，能够在土槽内移动，车架由一台 22kW 的电动机驱动，电动机与逆变器相连以管理起动、停止和速度控制程序，动力由电动机发出经链传动传递到车架

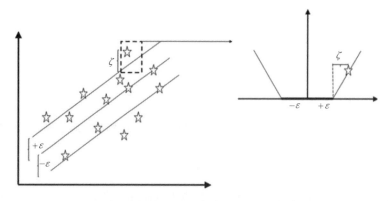

图5.5　软边际损失设置的线性支持向量回归

上。车架通过安装在土槽侧壁上的四个球轴承在土槽中移动，SWT 通过 L 形部件与车架相连，其上有四个水平臂，每个水平臂上都安装了可以测量 500kg 的 S 形 Bongshin 称重传感器，此处的水平称重传感器是用来测量施加在车轮上的水平力的，使用 U 形框架作为轮胎的外壳，并用 5kW 的三相电动机为驱动轮提供动力，同时用一个合适的逆变器来控制传递到轮轴上的旋转速度，故线速度的大小是可调的，值得一提的是，SWT 和车架之间的线速度差会产生不同程度上的可调滑移率。此外，SWT 通过动力螺杆（用于调节施加在车轮上的载荷）与 L 形框架相连，该螺杆与一个垂直放置的 S 形称重传感器相连，用来测量越过障碍物和不规则物体时的载荷变动，称重传感器与 Bongshin 数字指示器相连，而数字指示器又与带有 RS232 输出信号的数据记录仪相连，随后，数据被传输到笔记本电脑中以 30Hz 的频率进行处理和存储。常用的土槽设备以及单轮测试仪如图 5.6 所示。

所有试验中的轮胎充气压力均保持在 131kPa，试验中所用的障碍物分为三角形障碍物和高斯型障碍物，障碍物的高度为 2cm、3cm 和 4cm，车轮载荷为 3kN 和 4kN，车架的前进速度为 1.08km/h、1.8km/h 和 2.52km/h，为了避免土壤的非均质性对试验结果造成影响，使用长 3m、宽 2m 的木板来安装障碍物。

车轮动力学受轮胎参数、道路不平整度、不对称旋转质量、轮胎力学性能（刚度、弹性）等诸多因素影响，尽管已经进行了大量工作来对上述参数的影响进行评估，但仍然需要进一步的调查来弄清楚在越过障碍物时，一些重要因素例如障碍物的几何形状、滑移率和车轮载荷对纵向力和横向力的影响。图 5.7 所示的是在越过障碍物时，车轮载荷、滑移率、障碍物高度和前进速度对所产生垂向力的影响，结果表明，增加障碍物高度和车轮载荷会使垂向力增大，而滑移率的增加会导致垂向力减小，车轮滑移率增加会导致垂向力下降 5.5%，并未发现前进速度和垂向力之间有什么特定的关系，障碍物高度的增加会导致垂向力增加 16.4%，车轮载荷增加会导致垂向力增加 13.2%。由上述结果可知，对垂向力影响最大的是障碍物的高度，其他因素的影响如图 5.8 所示。但有趣的是，速度对于水平力有着显

图 5.6　土槽测试设施及其组件

著的影响，速度的增加会导致水平力增大，增大障碍物高度、增大速度以及增大车轮载荷分别会导致水平力增大 50%、23% 和 10.1%，而滑移率的降低会使水平力降低 30%。对图 5.7 和图 5.8 进行比较，发现车轮载荷对垂向力的影响要大于对水平力的影响，而其他参数，例如速度、障碍物高度和滑移率对后者的影响更大，此外，在越过障碍物时，所有试验中的垂向力都大于水平力。

　　对于障碍物高度造成的影响来说，由于动量在垂直方向上的变化，垂直方向 y 上的速度也发生了变化（即 ΔV_y），从而形成了线性冲击，同时，上述障碍物高度增加时的速度变化（ΔV_y）还产生了与垂直方向 y 相同的加速度分量，进而导致了垂直惯性力的增加，这个过程很好地描述了垂向力会随着障碍物高度的增加而增加。同样，障碍物高度的增加还会导致车轮在水平方向上瞬时速度降低，进而导致线性动量发生显著变化，在水平方向上形成更大的线性冲击。

　　在滑移率造成的影响中需要指出的是，由于打滑，车轮和障碍物之间会产生相对位移，与车轮 - 障碍物相互作用的切应力相对应的力会影响垂向力，在给定相互作用力方向的情况下，垂向力会随着滑移率的增加而减小，换句话说，在轮胎和障碍物的接触面上，车轮的相对速度有一个与车轮爬坡方向相反的分量，从而减少了一部分的线性动量，因此垂向力会有一个下降的趋势，这种行为模式可归因于相对应水平力的滑脱效应。

在车轮载荷造成的影响中，当施加在车轮上的载荷（静载荷）与垂直惯性力相关时，由于之前所述垂直方向上产生的加速度，垂直惯性力会增大，而垂向力会随着垂直惯性力的增大而增大。在水平方向上，车轮载荷越大，轮胎与障碍物接触处的反作用力就越大，会造成水平力显著增大。

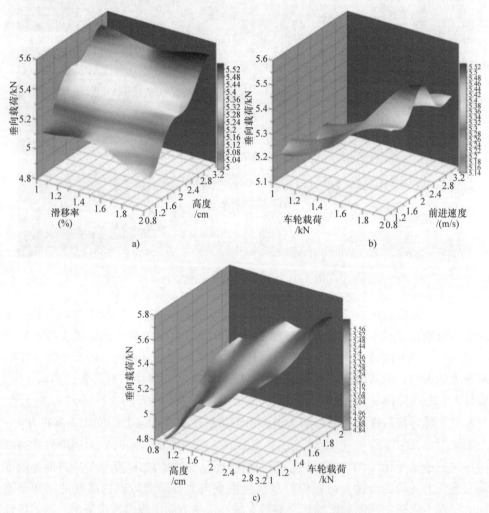

图 5.7　受滑移率和高度（a）、车轮载荷和前进速度（b）、
高度和车轮载荷（c）影响的垂向载荷的 3D 图

在使用单轮测试仪和受控土槽设施获得垂向力和水平力后，对其进行研究，为了建立一个可以包含所有测试参数的有效模型，分别对以下两种软计算方法进行评估，本研究中采用 Levenberg – Marquardt 训练算法来模拟两层隐层的神经元作用。图 5.9 所示的是采用误差反向传播算法（BP 学习算法）的前馈人工神经网络，在

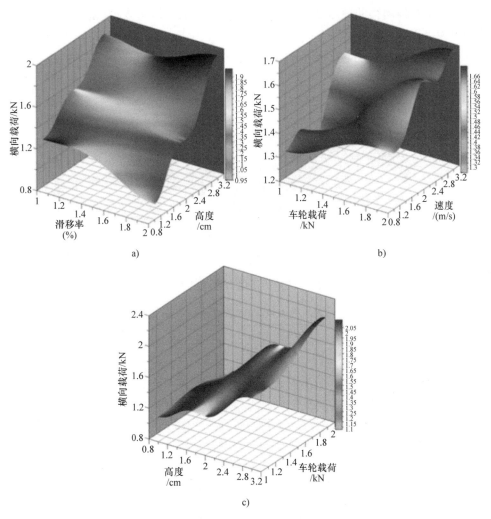

图 5.8　受滑移率和高度（a）、车轮载荷和前进速度（b）、
高度和车轮载荷（c）影响的横向载荷的 3D 图

拓扑结构 5 - 9 - 4 - 2 处产生的均方误差（MSE）等于 0.1671，这说明第一隐层 9 个神经元和第二隐层 4 个神经元的性能均优于其他被测的人工神经网络结构。第二种建模工具是支持向量回归方法，分别采用径向基函数和多项式函数作为该方法的基准。表 5.1 是人工神经网络（ANN）和支持向量回归法（SVR）所得结果的统计指标比较，从表 5.1 可以看出，基于多项式函数的支持向量回归法（SVR）在训练阶段的均方误差（MSE）和决定系数（R^2）分别是 0.0586 和 0.9991，而在测试阶段的均方误差（MSE）和决定系数（R^2）是 0.0602 和 0.9986，这表明相比较而言，基于多项式函数的支持向量回归法具有更好的性能。图 5.10 给出的是垂向力和水平力的人工神经网络和基于多项式函数的支持向量回归法的数据映射，结果表

明，与人工神经网络的预测结果相比，基于多项式的支持向量回归法与试验数据的映射更为接近。

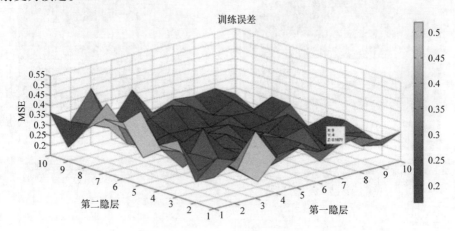

图 5.9　具有最佳拓扑结构的两个隐藏层中神经元的 MSE 变化

表 5.1　估算水平力和垂向力的各种方法的性能指标

方向	训练		测试	
	MSE	R^2	MSE	R^2
SVR – 径向基函数	0.1424	0.9789	0.1587	0.9755
SVR – 多项式函数	0.0586	0.9991	0.0602	0.9986
ANN	0.1671	0.9823	0.2015	0.9893

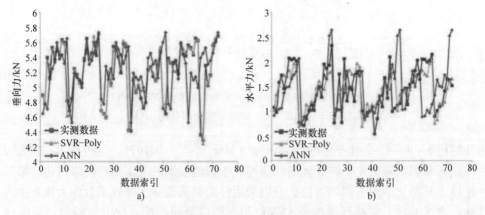

图 5.10　垂向力（a）和水平力（b）的人工神经网络和基于多项式
函数的支持向量回归法的数据映射

5.2.4　具有改进微分进化系统的 Takagi – Sugeno 型模糊神经网络

作为一种随机函数的最小化方法，微分进化算法（DE）是一种通过迭代来尝试改进给定质量度量的候选解，从而优化问题的方法。微分进化算法（DE）用于多维实数值函数而无须使用梯度，它通过保留大量的候选解，并根据公式组合现有候选解来创造新的候选解来优化问题，然后选出在优化问题上得分最高或者适合度最高的候选解，这样，优化问题就像是一个黑匣子，它仅仅给候选解提供了一个质量度量。微分进化算法（DE）可以描述如下。

给定一个需要优化的函数，有以下的函数，在区域 $X \neq \phi$ 上 f：$X \subseteq R^D \rightarrow R$，当 $f(x^*) \neq -\infty$ 时，最小化问题定义为 $x^* \in X$，因此 $f(x^*) \leqslant f(x) \ \forall \, x \in X$。

对于有实参数个数为 D 的目标函数，确定 N 的大小。则参数向量可以表示如下：

$$x_{i,G} = [x_{1,iG}, x_{2,iG}, \cdots, x_{D,iG},] \quad i = 1, 2, \cdots, N \tag{5.21}$$

式中，G 是进化代数。每个参数的上限和下限分别是：

$$x_j^L \leqslant x_{j,i,1} \leqslant x_j^U \tag{5.22}$$

其中随机选择的初始参数均匀分布在区间 $[x_j^L, x_j^U]$ 上。

在初始化步骤完成之后，参数向量还将经历突变、重组以及选择三个阶段，在突变过程中，搜索空间会被扩展。

在给定的参数向量 $x_{i,G}$ 中随机选取三个向量 $x_{r1,G}$、$x_{r2,G}$ 和 $x_{r3,G}$，用下角标 i、$r1$、$r2$ 和 $r3$ 进行区分，将其中两个向量的加权差与第三个向量相加：

$$v_{i,G+1} = x_{r1,G} + F(x_{r2,G} - x_{r3,G}) \tag{5.23}$$

式中，$v_{i,G+1}$ 是合成向量，突变因子 F 为 $[0,2]$ 的常数。

重组阶段是对上一代的解进行合并：

$$u_{j,i,G+1} = \begin{cases} v_{j,i,G+1} & \text{若} \quad random_{j,i} \leqslant CR \quad \text{或} \quad j = I_{random} \\ x_{j,i,G} & \text{若} \quad random_{j,i} \leqslant CR \quad \text{和} \quad j \neq I_{random} \end{cases} \tag{5.24}$$

式中，$random_{j,i} \sim U[0,1]$，I_{random} 是 $[1, 2, \cdots, D]$ 中的随机整数。

在选择阶段中，将目标向量 $x_{i,G}$ 与试验向量 $v_{i,G+1}$ 进行比较，并把函数值最低的那个向量传递给下一代。

$$x_{i,G+1} = \left\{ \begin{array}{ll} u_{i,G+1} & \text{若} \quad f(u_{i,G+1}) \leqslant f(x_{i,G}) \\ x_{i,G} & \text{否则} \end{array} \right\} i = 1, 2, \cdots, N \tag{5.25}$$

反复地进行突变、重组、选择，直到有向量达到标准为止。

Takagi – Sugeno 模糊神经网络计算方法综合了神经网络理论和 Mamdani 型模糊逻辑系统技术，是一种解决科学和工程领域中各种具有高度不确定性问题的强大工具，例如模式识别、鉴定以及控制问题。

一阶 Sugeno 模糊模型的两个模糊 IF – THEN 规则如下所示：

如果 $x = A_1$　且 $y = B_1$ 则 $f_1 = p_1 x + q_1 y + t_1$

如果 $x = A_2$　且 $y = B_2$ 则 $f_2 = p_2 x + q_2 y + t_2$

通常来说，在 Takagi – Sugeno 模糊计算方法的结构中包含着一些层，第一层由输入变量隶属函数（每个节点都代表了一个隶属函数的模糊化）组成，节点的数量等于带有节点函数的输入变量的数目。Takagi – Sugeno 模糊系统的结构原理如图 5.3 所示。

$$O_i^1 = \mu_{Ai}(x) , \ i = 1,2$$
$$O_i^1 = \mu_{B-i}(y) , \ i = 3,4 \tag{5.26}$$

式中，$\mu_A(x)$ 和 $\mu_B(y)$ 表示不同形式的隶属函数，例如高斯型、钟形、三角形、梯形等。

第二层（也叫作隶属层）通过每个节点上的乘法运算符来产生规则强度，它从上一层获取输入值，并将其作为隶属函数来表征相应输入变量的模糊集。

$$O_i^2 = \mu_{Ai}(x)\mu_{Ai}(y) , \ i = 1,2 \tag{5.27}$$

第三层叫作泛化层（或者规则层），对规则的触发强度进行泛化，计算出这些层中每个节点的权重，并将其标准化。在这一层中，规则的触发强度和总触发强度的比值如下所示：

$$O_i^3 = \frac{w_i}{w_1 + w_2}, \ i = 1,2 \tag{5.28}$$

第四层为去模糊化层，在这一层会根据规则进行推理，并从推论中获得输出值。此外，第四层还包括一些自适应节点，这些节点可以通过某些系数来计算线性函数，而系数则通过前馈神经网络的误差函数来进行调整。

$$\overline{w}_i f_i = \overline{w}_i (p_i x + q_i y + t_i) \tag{5.29}$$

最后一层只有一个节点，是上一层的节点输入的总和。输出 f 可用下式进行计算：

$$f = \overline{w}_1 f_1 + \overline{w}_2 f_2 = \frac{w_1 f_1 + w_2 f_2}{w_1 + w_2} \tag{5.30}$$

典型的 Takagi – Sugeno 模糊计算方法中综合了梯度下降法和最小二乘法，并利用反向传播技术，即从输出层到输入节点重复地计算误差信号，以此来定义隶属函数的优化规范。然而，如果能够将 Takagi – Sugeno 模糊神经网络系统和改进微分进化（DE）优化算法结合，就会得到一种非常适用于车辆地面力学的新方法。

另一个例子中使用的是前馈人工神经网络的反向传播技术，该试验具有三个变量（速度、充气压力和车轮载荷）和一个输出（运动阻力系数 CMR），使用具有一个隐藏层的神经网络结构就能达到所要求的性能，增加隐藏层数量可以提高系统效率，但同时也会导致运算更加复杂，因此，首先考虑具有 $3 - N_1 - 1$ 结构的多层感知器（MLP）神经网络，在设计 MLP 神经网络时，确定隐层（N_1）中神经元的数量是一个非常重要的步骤，为了达到这个目的，将 N_1 中的神经元数量从 1 开始增加到 50，并随机选取神经元的初始权重和偏差，对于每个隐藏的神经元（或网络结构）来说，神经网络在解决这个问题时都被训练了 100 次，在每个系统中，训练神经网络的次数需要达到1000次，然后选出均方误差（MSE）值最小的神经网络结构。在几个数值指标中，本研究选取的重要指标为均方误差（MSE），如下所示：

$$MSE = \frac{1}{n} \sum_{i=1}^{n} (Y_i - Y_j)^2 \tag{5.31}$$

式中，Y_i 是测得的运动阻力系数（CMR）；Y_j 是预测值。由于输入变量的范围不同，为了快速收敛到最小的均方误差（MSE），利用下述方程将每个输入变量都规范化至 $-1 \sim 1$ 这个范围内。

$$X_n = 2 \frac{X_r - X_{r,\min}}{X_{r,\max} - X_{r,\min}} - 1 \tag{5.32}$$

式中，X_n 为标准化输入变量；X_r 为原始输入变量；$X_{r,\min}$ 和 $X_{r,\max}$ 分别是输入变量的最小值和最大值。如果需要达到更高的性能（更高的决定系数 R^2 和更低的均方误），还可以使用 $3 - N_1 - N_2 - 1$ 结构（即两层隐层）的 MLP 神经网络。

初步试验表明，具有两层隐层的神经网络的学习和练习能力均优于具有一层隐层的神经网络。目前研究的多层人工神经网络的一般结构如图5.11所示。

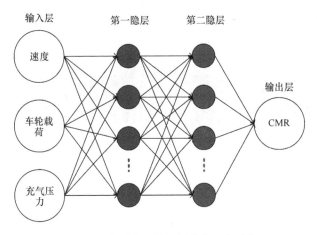

图 5.11　多层人工神经网络的一般结构

关于训练函数，常常根据 LM 优化算法并使用 trainlm 来更新权重和偏差值，这通常是最快的反向传播算法，因此在选择有监督的算法时应该首先考虑。LM 算法是一个非常流行的曲线拟合算法，在许多软件应用程序中被用于解决一般的曲线拟合问题，并且它为最小化函数问题（通常是非线性函数）提供了数值解决方案，同时还是高斯－牛顿法求解函数最小值的常用方法。LM 算法是一种简单有效的函数逼近方法，通常它需要求解下述方程：

$$(J^T J + \lambda I)\delta = J^t E \tag{5.33}$$

式中，J 是系统的雅可比矩阵；λ 是 Levenberg 阻尼因子；δ 是权重更新向量；E 是误差向量，包括用于训练神经网络每个输入向量的输出误差。δ 表示的是在神经网络中有多少网络结构需要改变权重来得出（或可能会得出）一个更好的结果，$J^T J$ 矩阵也被叫作海森矩阵。

trinscg 是另一个神经网络训练函数，它根据量化共轭梯度法来更新权重和偏差值。trinscg 可以训练任何网络，只要它的权值、净输入和传递函数具有导函数，误差反向传播（BP）算法则是用来计算性能 perf 对权值和偏差变量 X 的导数。

trainbfg 也是一个神经网络的训练函数，它根据拟牛顿法（BFGS）算法来更新权重和偏差值。它选择训练和测试性能（MSE）作为误差标准，然后对预测值和测量值进行回归分析以评估网络性能。本书选择使用 trainlm、trinscg 和 trainbfg 作为训练函数，hardlim 和 tansig 作为传递函数，并使用 MATLAB 软件（7.6 版本，2008，Mathworks 公司）来开发人工神经网络预测模型。

根据训练和测试时得到的均方误差（MSE）可以看出，与三层人工神经网络相比，四层拓扑具有更好的性能（图 5.12）。在 BP 神经网络中，隐藏层神经元的

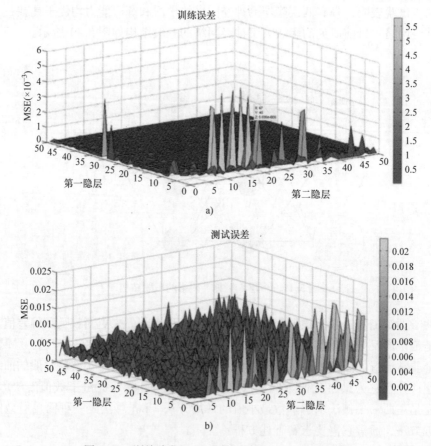

图 5.12　训练阶段（a）和测试阶段（b）的 MSE 值

选择决定了数据集的学习效果，隐藏层太多，则对问题的记忆能力越好，但对输入和输出之间的关系进行泛化的能力较差，相反，较少的隐藏层虽然可以满足泛化要求，但是学习模型的精度会显著下降。本书基于性能标准，采用四层结构的神经网络，Levenberg – Marquardt 反向传播算法对隐藏层神经元采用 S 型传递函数，输出层则采用线性传递函数，具有较好的性能。从图 5.12a 中可以看出，均方误差（MSE）的最小值出现在结构 3 – 47 – 40 – 1 处，最小值为 5.036×10^{-6}，并且根据 MSE 值最大的隐藏层可以推断出，增加隐藏层的数目会提高模型的能力并减少预测问题。其他的网状结构，例如 3 – 41 – 46 – 1（MSE 为 6.295×10^{-6}），3 – 46 – 44 – 1（MSE 为 5.932×10^{-6}）以及 3 – 50 – 48 – 1（MSE 为 5.458×10^{-6}）均实现了较低的 MSN 值，因此，选择 3 – 47 – 40 – 1 处的网络结构。表 5.2 中列出了每个训练、验证和测试步骤中输入和输出变量的统计规范，表 5.3 所示的是在使用其他训练函数和传递函数的情况下，重复计算直到出现令人满意的性能时的 R^2 和 MSE 值，它也表明 MSE 值为 5.036×10^{-6} 的 3 – 47 – 40 – 1 结构的性能最好。虽然可以使用简单拓扑结构，但是由于土壤具有不确定性和弹塑性反应，土壤和工具之间的相互作用也会产生复杂的非线性关系，而复杂拓扑结构的性能是优于简单网络结构的，故选用复杂拓扑结构。在理想状况下，MSE 的值接近于零，此时预测值和测量值之间没有显著差异，这证明了在给定适当隐藏层的情况下，MLP 前馈神经网络几乎可以以任意精度来估计任意目标函数。

表 5.2　训练、验证和测试步骤中输入和输出变量的统计规范

量	验证	试验	测试
最小值	2.89×10^{-7}	1.859×10^{-6}	2×10^{-6}
最大值	5.205×10^{-4}	5.242×10^{-4}	5.468×10^{-4}
平均值	7.42×10^{-5}	6.92×10^{-5}	8.33×10^{-5}
中值	1.31×10^{-5}	8.32×10^{-6}	1.45×10^{-5}
模	2.89×10^{-7}	1.85×10^{-6}	2×10^{-6}
标准差	1.61×10^{-4}	1.61×10^{-4}	1.713×10^{-4}
界限	5.202×10^{-4}	5.224×10^{-4}	5.448×10^{-4}

表 5.3　对各种已开发的神经网络进行总结评估，得出性能标准

激励函数	训练规则	拓扑网络	测试误差	R^2
双曲正切 S 型传递函数（tansig）	Trainlm	3 – 47 – 41 – 1	2.0×10^{-6}	0.9982
硬极限传递函数（hardlim）	Trainlm	3 – 46 – 43 – 1	2.83×10^{-6}	0.9916
双曲正切 S 型传递函数（tansig）	Trainbfg	3 – 50 – 48 – 1	1.25×10^{-5}	0.9741
硬极限传递函数（hardlim）	Trainbfg	3 – 47 – 71 – 1	1.81×10^{-5}	0.9627
双曲正切 S 型传递函数（tansig）	Trainscg	3 – 42 – 49 – 1	4.05×10^{-6}	0.9821
硬极限传递函数（hardlim）	Trainscg	3 – 48 – 49 – 1	5.87×10^{-6}	0.9797

　　学习率平衡了每次迭代之后误差下降的程度。学习率简写为 LR，是指将相应调整中较大的部分或者较小的部分应用到权值上，如果该值设置得较大，则神经网络学习的速度很快，但是如果输入集有很大的可变性，神经网络的学习可能就不是很好或者根本不会学习。事实上，将学习率设置为一个很大的值是很不合适的，并且也不利于学习过程，通常是先将其设置为一个较小值，如果学习速度较慢，再慢

慢地向上调整。动量常常是作为一个低通滤波器来处理过程中的突然变化，它基本上允许对权值的改变持续几个调整周期，持久性的大小是由动量因子来控制的，如果动量因子设置为一个非零值，则在修改当前调整时，允许之前调整的持久性越来越大，这样可以通过消除训练集中的异常状况来提高某些情况下的学习率。

　　人工神经网络的学习率和动量的最优值分别为0.6和0.2，图5.13所示的是神经网络分别在训练、测试和验证阶段的响应（输出）和相应目标之间的回归分析。由图中可以看出，训练过程执行得很好，测量值和预测值之间的相关系数为0.99837，测试和验证阶段的相关因子分别为0.99908和0.99336。利用之前得到的最佳神经网络结构3－47－40－1以及偏差值、权重值、传递函数和训练函数来模拟开发出的模型，并将模拟结果与试验数据进行比较，二者的比较如图5.14所示。它证明了在反复地使用最优神经网络进行模拟时，试验结果和模拟结果具有一致性。根据对试验结果和模拟结果进行的比较可知，运动阻力系数（CMR）随着充气压力的增大而减小，随着车轮载荷的增大而呈线性增加（图5.15）。最后，用均

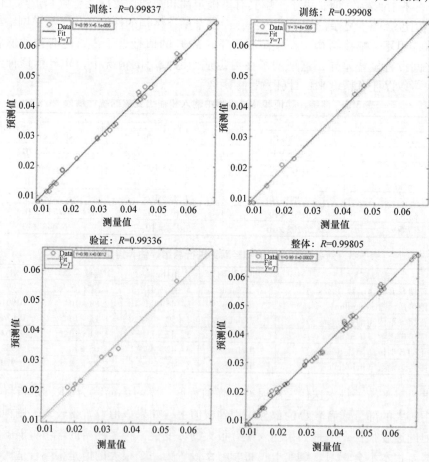

图5.13　神经网络响应（输出）和相应目标之间的回归分析

方误差来表示误差随迭代次数的变化（图 5.16）。

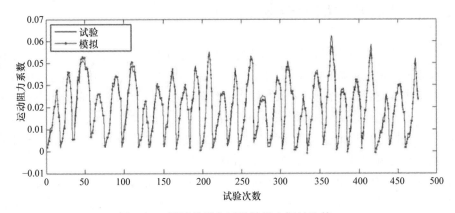

图 5.14　模拟结果和试验结果之间的比较

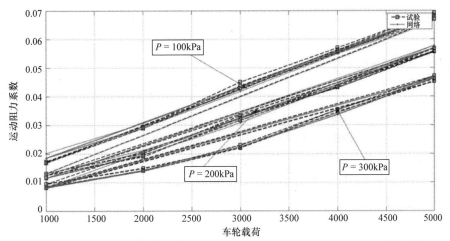

图 5.15　根据人工神经网络预测的随车轮载荷和充气压力的运动阻力系数变化

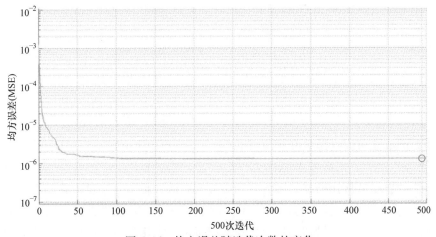

图 5.16　均方误差随迭代次数的变化

5.3　启发式优化和元启发式优化

在数学和计算科学中，优化的目的是在所有可用的解决方案中选择出最佳响应，来实现预定义函数的全局极大值或极小值。优化问题主要由三个过程组成，第一步是将成本或者目标函数进行最大化或者最小化，这可以通过对实际物体参数进行观测得到，也可以通过对系统组件的数学关系进行计算来得到。第二步是对系统的组件和变量进行验证，来确定系统的最佳结构并获得想要的最优值。第三步是施加一系列的约束，这些约束是对变量取值的限制。

元启发的应用一直是动力学领域中研究可靠性优化的一个热点，常用来确定系统的空闲率和可靠性成分。本节对一种元启发进化优化方法，即帝国竞争算法（ICA）进行了讨论，该方法可以最大限度上减少在土槽设施中，单轮测试仪由于车轮滚动阻力而引起的能量损失，在受控土槽设施中，所需数据可以通过各种试验来收集。

5.3.1　帝国竞争算法（ICA）

优化问题可以描述为，采用启发优化算法和元启发优化算法来寻找与最优成本函数 $f(x)$ 相对应的参数 x。帝国竞争算法（ICA）最早由 Atashpaz – Gargari 和 Lucas 提出，目前在工程中已经被大量应用，其目标是达到输入的最佳值。阵列在遗传算法中被叫作"染色体"，在粒子群算法（PSO）中被叫作"粒子"，而在帝国竞争算法中通常被叫作国家。帝国竞争算法的伪代码描述如下：

1）初始帝国的形成

N_{var} 维国家定义如下：

$$country = \left[P_1, P_2, P_3, \cdots, P_{N_{variable}} \right] \tag{5.34}$$

随机形成包含所有国家的矩阵，如下所示：

$$country = \begin{bmatrix} country_1 \\ country_2 \\ country_3 \\ \vdots \\ country_N \end{bmatrix} = \begin{bmatrix} KP_1 & KI_1 & KD_1 \\ KP_2 & KI_2 & KD_2 \\ KP_3 & KI_3 & KD_3 \\ \vdots & \vdots & \vdots \\ KP_N & KI_N & KD_N \end{bmatrix} \tag{5.35}$$

每个国家的成本由成本函数在变量 $(P_1, P_2, P_3, \cdots, P_{N_{var}})$ 处定义，成本函数为

$$cost_i = f(country) = f(P_1, P_2, P_3, \cdots, P_{N_{variable}}) \tag{5.36}$$

算法的启动是从初始国家 $N_{country}$ 的生成开始的，将 N_{imp} 个具有最佳人口的国家（即成本函数最小的国家）分配为帝国，剩下的 N_{col} 个国家组成殖民地，其中每个国家都属于一个帝国，最初的殖民地是按照帝国的力量进行分配的。为了分配殖民

地，帝国的标准化成本如下所示：

$$C_n = \max_i\{c_i\} - c_n \tag{5.37}$$

式中，c_n、$\max_i\{c_i\}$ 和 C_n 分别是第 n 个帝国的成本、帝国中的最高成本和帝国的标准化成本。也就是说，成本最高的帝国（即最弱的帝国）的标准化成本较低，因此每个帝国的相对标准化力量如下：

$$P_n = \left| \frac{C_n}{\sum\limits_{i=1}^{N_{imperialist}} C_i} \right| \tag{5.38}$$

以此为基础，在帝国之间分配殖民地，每个帝国的初始殖民地数量如下所示：

$$N.C._n = round\{P_{n.} N_{col}\} \tag{5.39}$$

式中，$N.C._n$ 是帝国的初始殖民地数量；N_{col} 是总的殖民地数量；$round$ 是取整函数。图 5.17 所示的是在帝国形成过程的初期，强大的帝国会拥有更多的殖民地，而帝国 1 是最强大的帝国，故拥有最多的殖民地（图 5.17）。

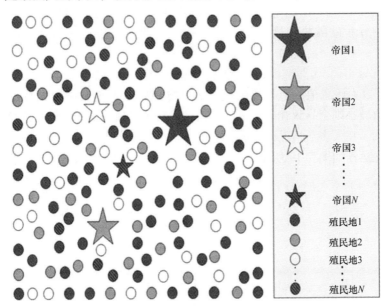

图 5.17　帝国形成的初期，强大的帝国会拥有更多的殖民地

2）同化

同化政策遵循殖民地中的宗教、文化、语言等基础上的社会政治特征，这部分的帝国竞争算法（ICA）如图 5.18 所示。

作为同化的结果，殖民地在帝国方向上移动 x 单位到达新位置，x 定义如下：

$$x \sim U(0, \beta \times d) \tag{5.40}$$

式中，d 是殖民地与帝国之间的距离，β 的值为 $1 \sim 2$，$\beta > 1$ 时两个向量都向帝国移动。

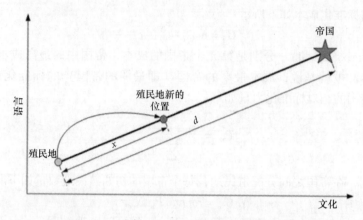

图 5.18　利用殖民地社会政治特征的同化运动

　　但是，吸收的过程并不符合帝国的愿望，这意味着向着帝国的实际运动方向并不一定是殖民地和帝国之间的最短路径，在 ICA 中，通过在殖民地运动方向上增加一个均匀分布的随机角度 θ 来预测这些在吸收过程中可能出现的偏差，如下所示：

$$\theta \sim (-\gamma, \gamma) \tag{5.41}$$

式中，γ 可以为任意值，但是取的值较大会导致帝国在自己周围进行更广泛的搜索，取的值较小则会导致在着帝国的运动过程中，殖民地相比较于连接向量而言运动得更近。在大多数情况中，θ 的值接近于 $\pi/4$ 会使殖民地更好地向帝国靠拢。实际的同化运动如图 5.19 所示。

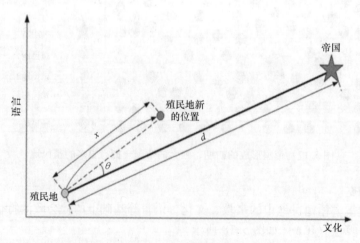

图 5.19　实际的同化运动

　　3）殖民地和帝国的替换

　　在殖民地向着帝国运动的过程中，殖民地可能会出现比帝国更低的成本函数，此时帝国和殖民地就会交换它们的位置，因此，得到了新的殖民地和帝国以及新的同化政策，算法继续进行。

4）一个帝国的总实力

一个帝国的全部力量等于一个帝国的初始力量加上一定比例被占领的殖民地的力量。因此，帝国的总成本定义为

$$T.C._n = Cost(imperialist_n) + \xi mean\{Cost(colonies\ of\ empire_n)\} \qquad (5.42)$$

式中，$T.C._n$ 是第 n 个帝国的总成本；ξ 是一个 0 到 1 之间的正值，其值较小会使帝国的总成本与初始成本相等，其值较大则会导致帝国成本在很大程度上受到殖民地的影响，在多数情况下，ξ 的值取为 0.05 是一个较好的选择。

5）帝国竞争

在帝国的竞争过程中，每个帝国都无法恢复被其他帝国击败的力量，最终会逐渐地崩溃，也就是说，弱的帝国失去了它们的殖民地，而强大的帝国则占有了这些殖民地，因此，一个最弱帝国的一个（或者更多）殖民地会被另一个强大的（不一定是最强大的）帝国所占有。其过程如图 5.20 所示。

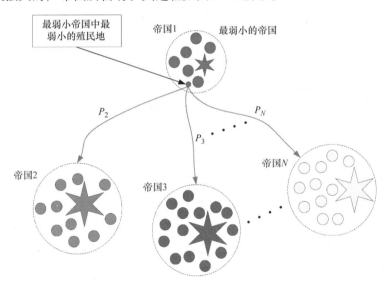

图 5.20　用来找出最强大的帝国的竞争过程

在图 5.20 中，帝国 1 是最弱的帝国，经过竞争，它的一个殖民地会被帝国 2 到帝国 N 中的某一个所占有。为了模拟帝国之间的竞争，定义了每个帝国的占有概率，该概率与帝国的总实力成正比。帝国的标准化总成本定义为：

$$N.T.C._n = \max_i\{T.C._i\} - T.C._n \qquad (5.43)$$

式中，$T.C._n$ 是第 n 个帝国的总成本；$N.T.C._n$ 是标准化总成本。$T.C._n$ 代表的是一个帝国的总成本，而 $N.T.C._n$ 则是该帝国的总实力，因此，$T.C._n$ 的增加会导致 $N.T.C._n$ 的下降。一个帝国的占有概率（P_{pn}）用下式进行计算：

$$P_{pn} = \left| \frac{N.T.C._n}{\sum\limits_{i=1}^{N_{imperialist}} N.T.C._i} \right| \quad (5.44)$$

向量 P 是基于（P_{pn}）而形成的，以此来在各个帝国之间共享殖民地。

$$P = [P_{P1}, P_{P2}, P_{P3}, \cdots, P_{PN_{imp}}] \quad (5.45)$$

P 向量是一个 $1 \times N_{imp}$ 维的行向量，R 向量也是一个 $1 \times N_{imp}$ 维的行向量，由区间 $[0,1]$ 中均匀分布的随机值组成。

$$R = [r_1, r_2, r_3, \cdots, r_{N_{imp}}] \quad (5.46)$$

$$r_1, r_2, r_3, \cdots, r_{N_{imp}} \sim U(0,1) \quad (5.47)$$

向量 D 如下式：

$$D = [P_{P1} - r_1, P_{P2} - r_2, P_{P3} - r_3 \cdots P_{PN_{imp}} - r_{N_{imp}}] \quad (5.48)$$

向量指标 D 最大的帝国就是最强大的帝国。

6）弱小帝国的崩溃

在上述的竞争中，有些帝国的殖民地会被更强大的帝国所占有，在帝国竞争算法（ICA）中有一个评判帝国崩溃的条件，其中最主要的就是失去所有的殖民地，即失去所有殖民地的帝国会崩溃。

7）收敛

当该算法继续进行到某个收敛条件或者达到所需的迭代步时，所有的帝国都会逐渐瓦解，其中有一个帝国是最强大的帝国，而其余各个国家则被这个强大的帝国所统治（图 5.21）。

5.3.2　遗传算法

遗传算法（GAs）是一种自适应启发式搜索算法，其前提是自然选择和遗传进化思想。遗传算法的基本概念是想要模拟出自然系统中进化所必需的过程，尤其是那些遵循 Charles Darwin（查尔斯·达尔文）首先提出的适者生存原则的自然进化过程。该算法是解决问题时在定义的搜索空间中对随机搜索的智能开发，在过去的一段历史时期内，一部分人变得更加健康，这个过程被人为地开发成为一种优化方法。由于群体的染色体排列序列与潜在的解决方案相关，因此通过这种方式创建出一个个体种群来启动遗传算法，在此基础上将成本函数（适应度函数）视为牵引功率效率，然后根据最大成本或者最高效率来编排种群的染色体。一部分比例的精英成员将根据适应度函数衡量出的优点，直接转到下一代，在此阶段中，使用三个遗传算法算子（选择、交叉、突变）来对下一代剩余种群进行计算，首先，采用加权随机的选择方案对当前人口父母进行选择，有较高的概率挑选出具有较高适合度的合格个体，然后将双亲经过交叉算子的处理，在交叉点处组合其成分（即基因）来产生后代。为了避免遗传算法收敛到局部最优，再用变异算子对候选解的搜索空间进行多样化处理，由于突变可以任意地操纵染色体的基因，从而使遗传算

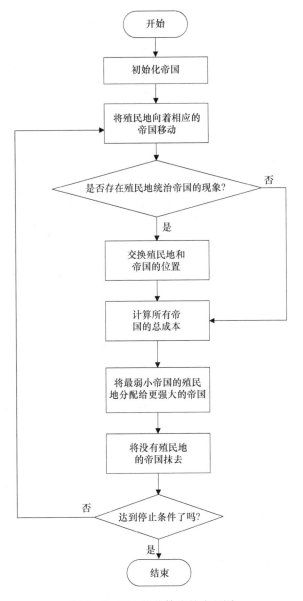

图 5.21　ICA 优化算法的流程图

法能够进行全局搜索。最后，产生的新一代再经过相同的步骤为下一代产生新的种群，这样不断地采用遗传算子对种群进行处理，直到在后代的第一个种群中得出可以接受的结果为止。遗传算法的流程图如图 5.22 所示。

5.3.3　粒子群优化

粒子群优化算法（PSO 算法）的一个基本变体是取一个候选解（称为粒子）

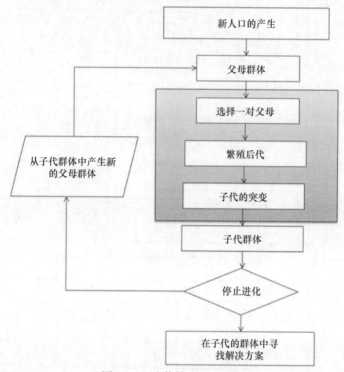

图 5.22　遗传算法的流程图

的总体（称为一个群），这些粒子依据一些简单的原理在搜索空间中运动，即受在搜索空间中自身最佳位置以及整个群最佳位置的指导，不断地对位置进行改进，一旦确定了改进位置，该位置就会被用来引导群的运动，然后重复地进行这一过程直到最终找到令人满意的最佳解。该函数将实数向量形式的候选解作为一个自变量，产生一个实数作为输出，表示候选解的目标函数值，粒子群优化（PSO）算法会跟踪这些粒子在问题空间中的坐标，这些坐标与最佳解决方案（适应性）相关，称为 pbest，粒子群优化算法跟踪的另一个"最佳"值是粒子相邻的其他任何粒子迄今为止所获得的最佳值，称为 lbest，当一个粒子与所有总体都拓扑相邻时，最佳值就是全局最佳值，称为 gbest。PSO 算法的流程图如图 5.23 所示。

1）ICA（帝国竞争算法）克服了 GA（遗传算法）的过早成熟和不可预测性以及 PSO（粒子群优化算法）由于需要对粒子进行初步猜测而导致最终结果出现偏差等缺点。

2）与 GA、PSO 和 GA - PSO 不同的是，ICA 独立保存以前的代理位置，这提高了它的收敛速度。

3）ICA 通过帝国中（预定义的代理里）最佳的向量来确定代理的移动方向，而在 PSO 中则是以本地和全局向量执行的，即 ICA 中的向量根据不同的代理而变化，故探索能力较强，而在 PSO 中，迭代中的所有代理都是恒定的，因此与 PSO

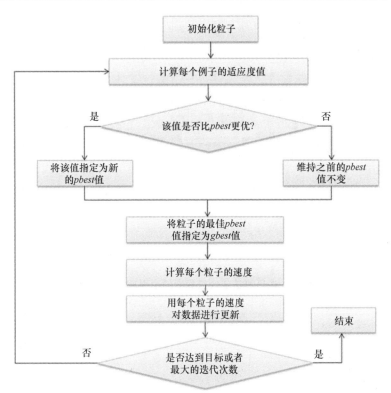

图 5.23　PSO 算法的流程图

相比，ICA 的准确性更高。

　　通过越野车辆的牵引性能来寻找最大的能源效率是非常有意义的，此外，牵引功率效率作为越野车能效指标的重要组成部分，在对其进行优化之前需要进行实证分析，然后再采用遗传算法（GA）、粒子群优化算法（PSO）、GA - PSO 和帝国竞争算法（ICA）等不同的启发式和元启发式方法来获得最佳结果，在迭代过程中，需要对代价函数，即遗传算法中的目标函数进行优化，来找到全局最大值。从图 5.24 可以看出，若将 GA 算法的迭代次数从 0 次增加到 100 次，会使牵引功率效率提高到大约 48.9%，这表明，将指定迭代次数的 GA 算法应用于该问题可以节省能源，但应注意的是，随着 GA 方法迭代次数的增大，运行该工具所需要花费的时间也会增大，因此，与启发式 GA 方法相反，当采用元启发式方法时，允许的迭代次数为 30。图 5.25 展示了 PSO 方法在最大化能源效率方面的潜力，由图中可以看出，迭代次数从 0 增加到 30，牵引功率效率从 20% 增加到了 47.29%，虽然该数值低于 GA 方法，但是应该考虑到的是这个值是在 30 次的迭代过程中得到的，而 GA 方法则用了 100 次迭代，这说明粒子群优化算法在处理该问题时是优于遗传算法的。根据文献记载，遗传算法和粒子群优化算法各有优势，故在此对混合遗传算法 - 粒子群优化算法的性能进行评估，并与其他方法进行比较。如图 5.26 所示，

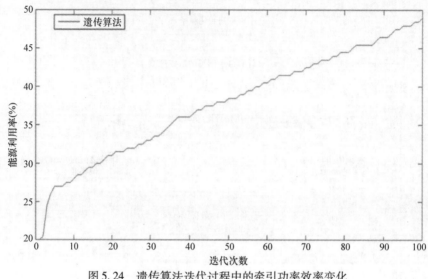

图 5.24　遗传算法迭代过程中的牵引功率效率变化

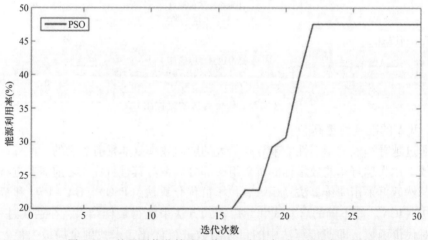

图 5.25　粒子群优化算法迭代过程中的牵引功率效率变化

与传统的 GA 和 PSO 方法相比，GA - PSO 的性能有着显著提高，可以看出，在迭代次数从 15 到 30 的过程中，目标参数就快速的收敛到了最佳值，而其中有 57.61% 都是通过混合 GA - PSO 方法获得的，这是一个非常了不起的性能。ICA 方法常常用于最大化目标参数，该算法采用一些随机国家作为相应输入参数的代表，各国在内部进行竞争来最大限度地提高成本，以成为一个帝国，然后给定一个输入变量的最佳标准，再进行帝国之间的外部竞争，从而导致其他帝国由成本函数最低的那个帝国所占据，优化的结果如表 5.4 所示。图 5.27 所示的是帝国的最低平均成本，此外，从图中还可以看出，最低成本函数为 69.01% 的帝国会在经过 23 次迭代之后就会占领其他帝国。因此可以得出结论，ICA 方法优于其他方法，可以最大限度地提高越野车的能源效率，此外，还应该补充的是，GA - PSO 的性能提高可以归因于选择了 PSO 的粒子群作为 GA 的染色体权重，从而可以将更好的染色体传递给下一代，并且不断地重复这种方法直到得出最终解。

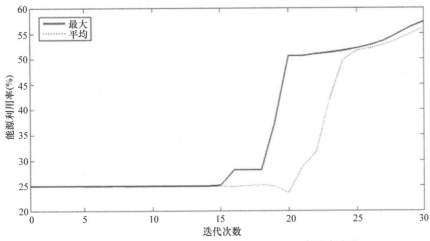

图 5.26　GA – PSO 算法迭代过程中的牵引功率效率变化

表 5.4　优化结果

国家的总数	80
帝国初始数量	4
迭代次数	30
革命率	0.3
同化系数	2
同化角度	0.5

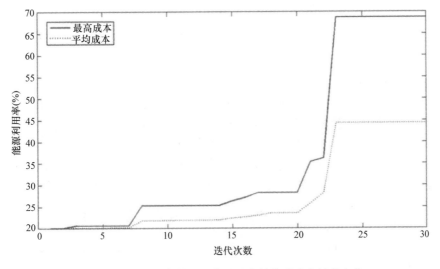

图 5.27　帝国竞争算法迭代过程中的牵引功率效率变化

图 5.28 所示的是最终的帝国及其殖民国家（具有相同颜色）在问题搜索空间中的空间分布，由图中可以看出，在车轮载荷为 2.23kN、速度为 0.8m/s、滑移率为 14.33% 时，能量效率最高的帝国可以占领其他帝国，并（在帝国竞争算法的搜索空间中）形成占总量 69.01% 的帝国和殖民地。需要注意的是，滚动阻力与车轮负载有直接关系，其中滚动阻力会随着车轮载荷的增加而增加，从而会导致牵引功率效率降低。此外，当轮胎与土壤相互作用时，需要有一定的打滑量，以压实轮胎下方的土壤形成一个支撑面，来将转矩传递到土壤上并使汽车开始运动，通过 ICA 方法获得的数值与文献中的记载较为吻合。此外，牵引功率效率与速度和轮胎的充气压力有着非线性的关系，因此必须采用随机元启发方法来对问题进行优化。

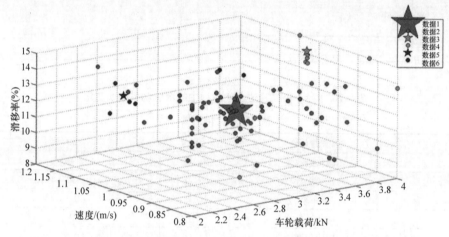

图 5.28　ICA 法输出的帝国及其殖民国家在输入参数的搜索空间中的空间分布

5.4　元启发方法在悬架控制中的应用

悬架系统是由弹簧、减振器和将车身连接至车轮的连杆系统组成的。车辆悬架系统的主要职责是减小传递给乘客的垂直加速度并保证良好的道路舒适性。被动悬架能够通过弹簧和减振器来存储和耗散能量，其系统参数是固定的，这些参数的选择需要综合考虑操纵、支撑负载和乘坐舒适性这三者。主动悬架系统具有存储能量、耗散能量并将能量引入系统的能力，若悬架系统是通过对电子控制器的响应来进行控制（即外部控制），那么该悬架系统就是一个半主动悬架或者主动悬架。

传统的被动悬架在车身和车轮组件之间使用弹簧和减振器，选择弹簧 - 减振器特性的目的是为了强调几个相互冲突的目标之一，如乘客舒适性、操纵性和悬架挠度，而主动悬架则允许设计者在底盘和车轮组件之间使用反馈控制液压执行器来平衡这些目标。

本示例中使用主动悬架系统的四分之一汽车模型，如图 5.29 所示，由于多个目标的优化控制问题和对象参数的不确定性，故采用 H∞ 控制器来进行控制，可以通过改变加权滤波器来设计不同的控制器，以增强舒适性或操控性。

主动悬架可以通过对一个闭环控制系统的力执行器进行控制来达到更好的悬架性能。传感器将道路轮廓数据提供给控制器，控制器通过将传感器数据作为输入，对系统的能量进行添加或消耗，如图 5.29 所示的主动悬架系统需要在系统的内部有一个主动元件，可以同时给出两种情况，进而改善悬架系统的性能。

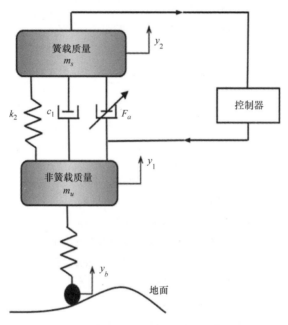

图 5.29　主动悬架系统的四分之一车辆模型

m_s 代表汽车底盘（车身）的质量，m_u 代表车轮组件的质量，弹簧 k_2 和减振器 c_1 表示放置在车身和车轮组件之间的被动弹簧和减振器，弹簧 k_1 模拟的是充气轮胎的可压缩性，变量 y_2、y_1 和 y_b 分别是车体行程、车轮行程和道路干扰，在车身和车轮总成之间施加的力 F_a 是由反馈控制的，这个力代表了悬架系统的主动部件。

主动悬架系统是将一个任意类型的执行器（例如液压执行器）作用于悬架系统中的被动组件上，这种系统的好处是如果主动液压执行器或控制系统出现故障，悬架系统就会转换为被动悬架系统。其运动方程可以表示为

$$m_s\ddot{y}_2 + k_2(y_2 - y_1) + c_1(\dot{y}_2 - \dot{y}_1) - F_a = 0 \tag{5.49}$$
$$m_u\ddot{y}_1 + k_2(y_1 - y_2) + c_1(\dot{y}_1 - \dot{y}_2) + k_1(y_1 - y_b) + F_a = 0 \tag{5.50}$$

式中，F_a 是液压执行器的控制力，如果控制力 $F_a = 0$，则上述方程就会变为被动悬架系统的方程。以 F_a 作为控制输入，方程的状态空间可以表示为

$$x_1 = y_2 - y_1$$

$$x_2 = y_2 - y_b$$

$$x_3 = \dot{y}_2 = \frac{\mathrm{d}}{\mathrm{d}t} y_2 \tag{5.51}$$

$$x_4 = \dot{y}_1 \frac{\mathrm{d}}{\mathrm{d}t} y_1$$

其结果为

$$\dot{x}_1 = x_3 - x_4$$

$$\dot{x}_2 = x_4 - y_b$$

$$\dot{x}_3 = \frac{(-c_1 \dot{x}_1 - k_1 x_1 + F_a)}{m_s} \tag{5.52}$$

$$\dot{x}_4 = \frac{(c_1 \dot{x}_1 + k_2 x_1 - k_1 x_2 - F_a)}{m_u}$$

系统中的物理参数定义如下：

ms = 400 ; % sprung mass（kg）

mus = 50 ;% unsprung mass（kg）

cs = 1000 ; % damper（N/m/s）

ks = 15000 ; % spring stiffness（N/m）

kus = 200000 ; % spring stiffness（N/m）

建立一个表示这些方程的状态空间四分之一车辆模型。

% physical parameters

% physical parameters

mb = 300; % kg

mw = 60; % kg

bs = 1000; % N/m/s

ks = 16000; % N/m

kt = 190000; % N/m

% state matrices

A = [0 1 0 0; [-ks -bs ks bs] /mb; ...

0 0 0 1; [ks bs -ks -kt -bs] /mw];

B = [0 0; 0 10000/mb; 0 0; [kt -10000] /mw];

C = [1 0 0 0; 1 0 -1 0; A (2,:)];

D = [0 0; 0 0; B (2,:)];

qcar = ss（A，B，C，D）；

qcar. StateName = {'body travel（m）';'body vel（m/s）'; ...

'wheel travel（m）';'wheel vel（m/s）'};

qcar. InputName ＝ {'r';'fs'};

qcar. OutputName ＝ {'xb';'sd';'ab'};

从执行器到车身行程和加速度的传递函数有一个虚轴零点，其固有频率为56. 27rad/s，即为轮胎跳动频率。

tzero(qcar({'xb','ab'},'fs'))

ans ＝

－0. 0000 ＋56. 2731i

－0. 0000 －56. 2731i

同样的，从执行器到悬架挠度的传递函数也有一个虚轴零点，其固有频率为22. 97rad/s，称为振铃频率。

zero(qcar('sd','fs'))

ans ＝

－0. 0000 ＋22. 9734i

－0. 0000 －22. 9734i

由于道路干扰会影响汽车和悬架的运动，而乘客的舒适度与车身加速度有关，同时悬架系统的允许行程还受执行机构的位移限制，因此需要绘制出从道路干扰和执行器力到车身加速度和悬架位移的开环增益。

通过使用这些方程式和参数值构建状态空间模型，可以开发出四分之一汽车悬架系统。

以道路不平顺性和执行器力作为输入，悬架挠度和簧载质量加速度作为输出，四分之一车辆模型的频率响应如图 5. 30 所示。

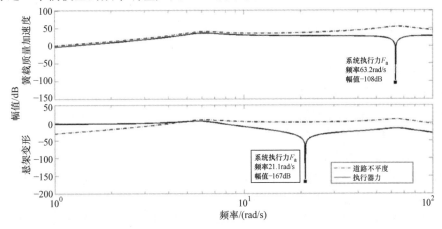

图 5. 30　以道路不平顺性和执行器力作为输入，悬架挠度和簧载质量加速度作为输出的四分之一车辆模型的频率响应

从执行器到簧载质量行程和加速度的传递函数有一个固有频率为 63.24rad/s 的虚轴零点，被称为在上述系统物理参数下的轮胎跳动频率，同样从执行器到悬架变形的传递函数也有一个固有频率为 21.08rad/s 的虚轴零点，称为振铃频率。

名义上的 H 无穷设计

减振器的控制必须考虑到未知干扰，对于汽车来说，这些未知干扰包括路面高度的变化以及由驾驶操作（例如制动、加速等）引起的惯性力和惯性力矩的变化。H 无穷大控制问题是一类扰动抑制问题，它包括最小化控制回路中从扰动 w 到输出 z 的闭环均方根（RMS）增益。图 5.31 给出了模型在频域内的悬架变形和簧载质量加速度。

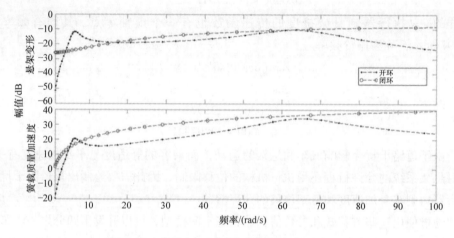

图 5.31　频域内的悬架变形和簧载质量加速度

到目前为止，人们已经设计出了可以满足标准执行器模型性能目标的 H 无穷大控制器，如前所述，该模型只是真实执行器的一个近似模拟，我们需要确保它在面对模型错误和不确定性误差时仍能保持自身的性能，这就称为鲁棒性。

接下来，使用 μ 综合法来设计一个控制器，以实现整个系统执行器模型的鲁棒性，该鲁棒控制器使用对应平衡性能（$\beta = 0.5$）的不确定模型（:,:,2）来合成 *dksyn* 函数，用鲁棒控制器 *Krob* 模拟路面颠簸的标称响应，将所得到的响应与用"平衡" H 无穷大控制器得到的响应进行比较，两者较为相似。在开环控制和鲁棒控制条件下，簧载质量位移、簧载质量加速度、悬架变形和执行器的控制力如图 5.32 所示，可以看出它们差异。

综上所述，该策略是将鲁棒控制问题转换为优化问题的目标函数/成本函数，并相应地找出该优化问题的解，其核心思想是设计出一个能够抵抗在运行条件下系统、模型或不确定性可能发生变化的系统，因此，我们的目的是使得优化控制问题中想要优化的性能的鲁棒性达到要求。由于可靠性较好，鲁棒控制更受人喜欢，尽管该系统可能不具有最优控制系统的性能，但可靠性较好使得它更能够抵抗系统中发生的变化和不确定性。另一个具有不同结构的例子是自适应控制理论。

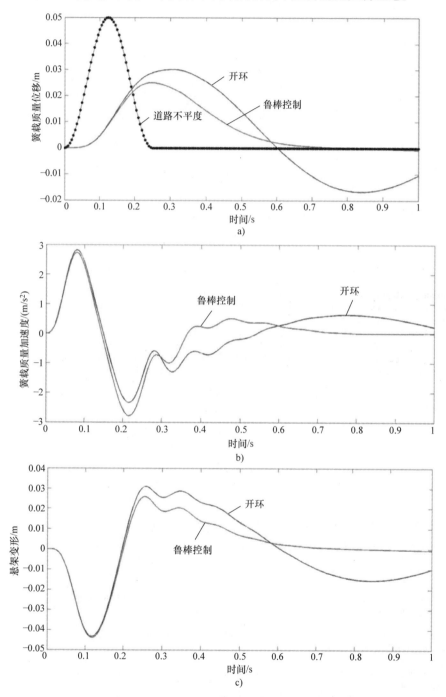

图 5.32　簧载质量位移、簧载质量加速度、悬架变形和执行器的控制力

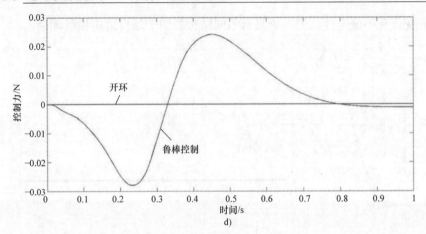

图 5.32　簧载质量位移、簧载质量加速度、悬架变形和执行器的控制力（续）

参 考 文 献

1. Haykin, S. S. (1999). *Neural networks: A comprehensive foundation.* Upper Saddle River, NJ, USA: Prentice-Hall.

2. Jaiswal, S., Benson, E. R., Bernard, J. C., & Van Wicklen, G. L. (2005). Neural network modelling and sensitivity analysis of a mechanical poultry catching system. *Biosystems Engineering, 92*(1), 59–68.

3. Jang, J.-S. R. (1993). ANFIS: Adaptive-network-based fuzzy inference system. *IEEE Trans on Systems, Man and Cybernetics, 23*(3), 665–685.

4. Jang, J.-S. R., Sun, C.-T., & Mizutani, E. (1997). *Neurofuzzy and soft computing: A computational approach to learning and machine intelligence.* Upper Saddle River, NY: Prentice-Hall.

5. Takagi, T., & Sugeno, M. (1985). Fuzzy identification of systems and its applications to modeling and control. *Transactions on Systems, Man, and Cybernetics 15*, 116–132.

6. Petković, D., Gocic, M., Trajkovic, S., Shamshirband, S., Motamedi, S., Hashim, R., & Bonakdari, H. (2015). Determination of the most influential weather parameters on reference evapotranspiration by adaptive neuro-fuzzy methodology. *Computers and Electronics in Agriculture, 114*, 277–284.

7. Karaağaç, B., İnal, M., & Deniz, V. (2012). Predicting optimum cure time of rubber compounds by means of ANFIS. *Materials and Design, 35*, 833–838.

8. Vapnik, V. (1995). *The nature of statistical learning theory* (2nd ed.). New York, NY: Springer. 309 pp.

9. Schölkopf, B., & Smola, A. J. (2002). *Learning with kernels: Support vector machines, regularization, optimization, and beyond.* Cambridge, MA: MIT Press. 626 pp.

10. Vapnik, V. N. (2000). *The nature of statistical learning theory.* New York: Springer.

11. Gunn, S. R. (1998). *Support vector machines for classification and regression.* Technical report. UK: Department of Electronics and Computer Science, University of Southampton.

12. Petković, D., Shamshirband, S., Saboohi, H., Ang, T. F., Anuar, N. B., & Pavlović, N. D. (2014). Support vector regression methodology for prediction of input displacement of adaptive compliant robotic gripper. *Applied Intelligence, 41*(3), 887–896.

13. Fleetwood, K. (2004, November). An introduction to differential evolution. In *Proceedings of Mathematics and Statistics of Complex Systems (MASCOS) One Day Symposium*, 26th November. Brisbane, Australia.

14. Atashpaz-Gargari, E., & Lucas, C. (2007). *Imperialist Competitive algorithm: An algorithm for optimization inspired by imperialistic competition, IEEE congress on evolutionary computation* (pp. 4661–4667).

15. Xing, B., & Gao, W. J. (2014). Imperialist competitive algorithm. In: Innovative computational intelligence: A rough guide to 134 clever algorithms (pp. 203–209). Berlin: Springer International Publishing.

第6章 习 题

1. 有一履带式拖拉机在光滑的刚性表面和倾斜的表面上运动，如图 6.1 所示。假设土壤和履带车轮的接触长度为 1.2m（$l = 1.2$m），接触宽度为 0.6m（$b = 0.6$m），拖拉机的质量为 2.4t（$m = 2400$kg），土壤的黏聚力为 15kPa（$c = 15$kPa），土壤的内部摩擦角为 30°（$\varphi = 30°$），斜面的角度为 15°（$\alpha = 15°$）。试确定总的牵引力和牵引系数：

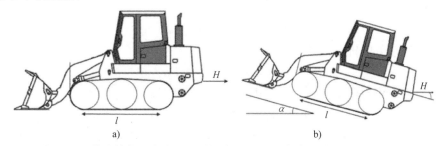

图 6.1 履带式拖拉机在光滑的刚性表面（a）和倾斜的表面上（b）运动

答案

（a）总牵引力为 24.4kN，牵引系数为 1.04。

（b）将沿着斜坡上的力进行分解：

$$H\cos\alpha + mg\sin\alpha = H_{max} = Ac + (mg\cos\alpha - H\sin\alpha)\tan\alpha$$

$$H\cos\alpha + H\sin\alpha\tan\varphi = Ac + mg\cos\alpha\tan\varphi - mg\sin\alpha$$

$$H = \frac{Ac + mg(\cos\alpha\tan\varphi - \sin\alpha)}{\cos\alpha + \sin\alpha\tan\varphi}$$

$$= \frac{1.2 \times 0.6 \times 15 \times 23.5(\cos15°\tan30° - \sin15°)}{\cos15° + \sin15°\tan30°} = 16\text{kN}$$

$$牵引系数 = \frac{H}{mg\cos\alpha - H\sin\alpha} = \frac{16}{18.6} = 0.86$$

2. 一个车轮上支撑的载荷 W 等于 6kN，与地面之间的接触面积等于 0.1m²。假定压力在整个接触区域上是均匀分布的，在土壤 – 土壤以及土壤 – 轮胎相互作用下，相对于正应力的剪切阻力如图 6.2 所示。试确定当（a）轮胎有磨损时可产生的最大应力，以及（b）车轮没有发生磨损时轮胎可产生的最大应力。

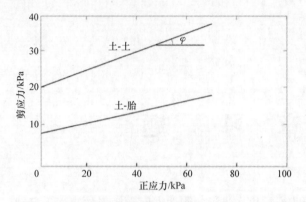

图 6.2　土壤和土壤以及土壤和轮胎相互作用下，相对于正应力的剪切阻力

答案

（a）

$$\sigma = \frac{6}{0.1} = 60 \text{kPa}$$

$$H_{max} = 36 \times 0.1 = 3.6 \text{kN}$$

另一种方法是利用方程 $Ac + W\tan\varphi$：

$$H_{max} = 0.1 \times 20 + 6 \times 0.267 = 3.6 \text{kN}$$

（b）对于没有磨损的轮胎，使用相同的方程来计算：

$$H_{max} = Ac + W\tan\varphi = 0.1 \times 8 + 6 \times 0.142 = 1.65 \text{kN}$$

3. 由于挂车是通过挂钩连接到农用拖拉机上的，现假设挂车的质量为 60kg，其重心位于距后轴 1.5m，距地面 1m 处。

（a）如果拖车中有重量为 210kg 的载荷，试确定在没有坡度的地面上行驶时前轮的负载。

（b）汽车的前轮载荷最小为 4kN，并且在斜坡角度为 10° 的表面上运动，试确定此时挂车的满载质量以及拖拉机的牵引系数。

（c）试确定挂车空载且拖拉机沿着坡道角度为 10° 的山坡行驶时，前轮的最大负载和牵引系数。

答案

（a）5.92kN

（b）根据本书第 3 章的车辆性能，利用式（3.7）~式（3.19）进行求解：

$$F_d = \frac{W\cos\alpha x_G - W\sin\alpha(r + y_a) - W'_f l}{\cos\theta y' + \sin\theta x'}$$

$$= \frac{27.9 \times (0.532 - 0.133) - 7.52}{0.147 + 1.48} = 2.18 \text{kN} = 224 \text{kgf}$$

$$\psi' = \frac{W\sin\alpha + P\cos\theta}{W'_f} = \frac{27.9 \times 0.147 + 2.18 \times 0.174}{25.6} = 0.2$$

（c）$F_d = 9.48\text{kN}$，$\psi' = -0.27$

4. 给定接触面积为 0.076m^2，土壤黏聚力为 2kPa，内摩擦角为 32°，试确定在不稳定时，最大牵引力下的拖拉机三点悬挂高度。

答案

基于本书第 3 章的车辆性能，利用式（3.7）~式（3.19）进行求解，W'_f 在不稳定的状况下应该为 0。

$$H = Ac + W\tan\varphi$$

对于点 O 取矩：

$$Hy' = Wx'$$
$$Ac + W\tan\varphi y' = Wx'$$
$$y' = \frac{Wx'}{Ac + W\tan\varphi}$$

该高度是土壤特性和刚度的函数。

$$y' = \frac{285 \times 9.81 \times 0.54}{0.076 \times 2 \times 2000 + 2850 \times 9.81 + 0.625} = 0.85$$

5. 一辆净牵引力为 F、质量为 M 且加速度为 a 的车辆：
车辆的加速度 a 如下式所示：

$$a = \frac{F}{M}$$

速度和位移为

$$a = \frac{\mathrm{d}V}{\mathrm{d}t}, \quad v = \frac{\mathrm{d}s}{\mathrm{d}t}$$

为建立净牵引力为 10kN、车辆质量为 2000kg 的车辆在 10s 时间内的速度与位移的 Simulink 模型，提出下图：

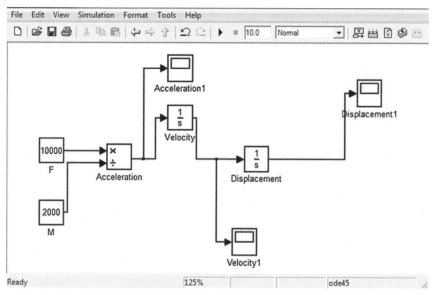

如果像上面所述的那样利用工具箱在 Simulink 中构建系统，则 10s 的车辆位移，速度和加速度的结果可以显示如下：

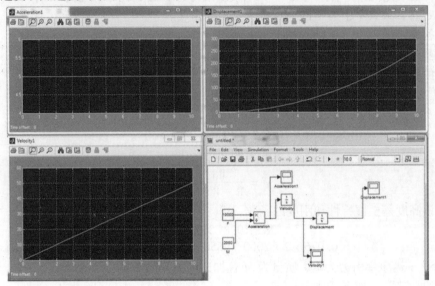

图书在版编目（CIP）数据

越野车辆动力学：分析、建模与优化/（伊朗）哈米德·塔加维法尔，（伊朗）阿里夫·马尔达尼著；付志军译. —北京：机械工业出版社，2021.9

（汽车先进技术译丛. 汽车创新与开发系列）

书名原文：Off – road Vehicle Dynamics：Analysis, Modelling and Optimization

ISBN 978-7-111-68920-1

Ⅰ. ①越… Ⅱ. ①哈… ②阿…③付… Ⅲ. ①越野车辆 – 车辆动力学 Ⅳ. ①TJ812

中国版本图书馆 CIP 数据核字（2021）第 166569 号

机械工业出版社（北京市百万庄大街 22 号　邮政编码 100037）

策划编辑：孙　鹏　责任编辑：孙　鹏

责任校对：潘　蕊　封面设计：鞠　杨

责任印制：李　昂

北京联兴盛业印刷股份有限公司印刷

2021 年 10 月第 1 版第 1 次印刷

169mm × 239mm · 9.75 印张 · 8 插页 · 197 千字

0 001—1 900 册

标准书号：ISBN 978-7-111-68920-1

定价：129.00 元

电话服务	网络服务
客服电话：010-88361066	机　工　官　网：www. cmpbook. com
010-88379833	机　工　官　博：weibo. com/cmp1952
010-68326294	金　书　网：www. golden-book. com
封底无防伪标均为盗版	机工教育服务网：www. cmpedu. com